普通高等教育“十一五”国家级规划教材配套参考书

《数字电子技术基础(第三版)》教、学指导书

冯毛官　初秀琴　杨颂华　编著

西安电子科技大学出版社

内 容 简 介

本书是与《数字电子技术基础(第三版)》教材配套使用的教、学指导书。书中讲述了每一章的基本要求、基本概念及重点、难点,介绍了每一章习题的解题方法与技巧,以帮助读者掌握"数字电路"课程的基本内容、基本概念以及解题的思路与方法。本书在附录中编入了两套模拟试题及解答。

本书可作为高等院校学生学习"数字电路"课程的教学参考书,也可作为自学人员的辅导材料。

图书在版编目(CIP)数据

《数字电子技术基础(第三版)》教、学指导书 / 冯毛官,初秀琴,杨颂华编著.
—西安:西安电子科技大学出版社,2018.6
ISBN 978-7-5606-4099-0

Ⅰ.①数… Ⅱ.①冯… ②初… ③杨… Ⅲ.①数字电路—电子技术—高等学校—教学参考资料
Ⅳ.①TN79

中国版本图书馆 CIP 数据核字(2018)第 127955 号

策划编辑 云立实
责任编辑 云立实
出版发行 西安电子科技大学出版社(西安市太白南路 2 号)
电　　话 (029)88242885 88201467 邮　　编 710071
网　　址 www.xduph.com 电子邮箱 xdupfxb001@163.com
经　　销 新华书店
印刷单位 陕西利达印务有限责任公司
版　　次 2018 年 6 月第 1 版 2018 年 6 月第 1 次印刷
开　　本 787 毫米×1092 毫米 1/16 印 张 9.25
字　　数 216 千字
印　　数 1～3000 册
定　　价 22.00 元
ISBN 978-7-5606-4099-0/TN
XDUP 4391001-1

前　言

本书是与《数字电子技术基础(第三版)》(西安电子科技大学出版社，2016)教材配套使用的教、学指导用书。编者根据课程教学的基本要求和多年来积累的教学实践经验，针对学生在学习中经常遇到的问题进行了归纳、总结、提炼和解答。书中各章内容除基本要求、基本概念及重点、难点外，还讲述了各章习题的解题思路、方法特点以及技巧。希望本书能够帮助读者把握好课程内容的重点，深入理解基本概念并正确掌握解题的基本方法，从而提高分析问题、解决问题的能力。

本书由冯毛官、初秀琴、杨颂华共同编写。

由于编者水平有限，书中不妥之处在所难免，恳请读者批评指正。

编　者

2017年10月

目　　录

Ⅰ 教学建议

“数字电子技术基础”课程是电子信息类专业的主干专业基础课程，其特点是概念性和实践性都很强，其教学目的是使学生掌握数字逻辑电路最基本的分析方法和设计方法以及常用数字器件的应用技术，以便为后续课程的学习和今后的工作打下基础。由于数字技术发展迅速，特别是EDA技术日益成熟和完善，可编程逻辑器件已得到普遍应用，使数字电子技术及其应用的领域越来越广，因此该课程一直存在着教学课时少与教学内容多、传统设计方法与现代设计方法不同等方面的矛盾，所以如何在有限的学时内，使学生既能掌握好必备的基础理论知识，又能尽快入门并掌握现代化的EDA设计思想和技能是十分重要的问题。

建议本课程理论教学时数为48～56学时，EDA实验教学为16(实际32)学时。在使用《数字电子技术基础(第三版)》教材时，可根据学生的基础水平、层次不同对教学内容进行取舍，同时应注意以下几点：

(1) 组合逻辑电路、时序逻辑电路的分析方法和设计方法是本课程的核心内容，逻辑代数基础、数字器件(含门电路、触发器、半导体存储器和可编程逻辑器件)的基本电气特性是学习逻辑电路分析、设计方法的必备基础知识，因此有关上述内容的章节都是最基本的教学内容。脉冲产生与整形、A/D和D/A转换在许多系统设计中都会遇到，所以也应进行适当介绍。

(2) 建议在教学过程中，要求学生逐步掌握EWB、Multisim、Max＋plusⅡ、QuartusⅡ等EDA软件的使用方法，布置习题或大作业对常用集成器件、典型的单元组合电路、单元时序电路和综合应用实例进行EDA仿真实验和分析，引导学生利用EDA仿真技术化解课程难点，加深对典型单元电路及系统分析、设计方法的理解。

(3) 第三版教材对第6章时序电路的内容进行了调整和修改，删减了小规模时序电路分析及设计的内容，重点突出了典型中规模时序电路的分析与设计方法。建议在教学过程中，应重点强调状态表、状态图、时序图等工具的应用及原始状态图(表)的建立方法；强调各种典型电路的结构特点、状态变化规律和信号之间的时序关系，减少对集成电路内部结构的分析过程；引导学生自行查阅器件手册，增强对时序器件功能表及时序波形的认识，增强对时序电路进行EDA仿真和对仿真波形进行分析的能力，为学习硬件描述语言和系统设计打好基础。

(4) 硬件描述语言是数字技术领域中的一种新的描述方法，也是掌握EDA设计方法的基础，但必须通过反复上机实践和后续课程的学习才能熟练掌握其使用方法，本课程引入的 VHDL 硬件描述语言简介及 VHDL 数字系统设计实例仅仅是学习 VHDL 设计的入门篇。VHDL 是一种标准化语言，对于其语法规则、对象类型中错综复杂的特性以及高层次的抽象等初学者都会感到困难，因此建议在教学中不采用计算机语言的教学模式，而应以数字电路的设计为基点，通过对典型组合电路和时序电路的设计实例分析来引出 VHDL 的基本语法内容，并将其解释清楚。这样可以引导学生在较短时间内把握 VHDL 中最主要、最核心的语法知识，从而达到入门的目的。

(5) 本课程可以根据学生的实际情况和实验条件采取不同的模式进行教学。在教学内容的组织上可以选择以数字器件为主线的教学模式，即介绍完硬件电路后再介绍 EDA 的内容；也可以选择以 EDA 设计方法为主线的教学模式，即采用中、小规模集成电路的设计和 PLD 设计相互融合、渗透的方法组织教学。无论采用哪种教学模式，理论教学都必须与实验教学(硬件实验、EDA 仿真实验)紧密结合，才能收到较好的效果。

Ⅱ 各章基本要求、基本概念与习题解答

第1章 数制与编码

1.1 基本要求、基本概念及重点、难点

1. 基本要求

(1) 了解数字逻辑电路的基本特点。

(2) 熟练掌握十进制数、二进制数、八进制数和十六进制数的表示方法及其相互转换方法。

(3) 了解带符号二进制数的补码表示形式和补码运算方法。

(4) 掌握常用 BCD 码、Gray 码(格雷码)、奇偶校验码和 ASCII 码的基本特点和编码方法。

2. 基本概念及重点、难点

1) 任意 R 进制数与十进制数之间的转换

(1) 任意进制数$(N)_R$ 转换为十进制数时，采用按权展开法(或称多项式替代法)，即将$(N)_R$ 写成按权展开的多项式表示式，并按十进制规则进行运算，便可求得相应的十进制数。

(2) 十进制数转换成任意进制数$(N)_R$ 时，采用基数乘除法，十进制数的整数部分和小数部分应分开转换。

整数部分采用“除 R 取余法”，即将十进制整数反复除 R，依次记录余数，便可得到 R 进制整数部分的各位数码。注意：先得到的余数是 R 进制整数的最低位。

小数部分采用“乘 R 取整法”，即将十进制小数反复乘 R，依次记录整数，便可得到 R 进制小数部分的各位数码。注意：先得到的整数是 R 进制小数的最高位。

2) 二进制、八进制、十六进制数之间的转换

二进制数与八进制数、十六进制数之间的转换是以小数点为界，分别向左、向右按照 3 位二进制数对应 1 位八进制数，4 位二进制数对应 1 位十六进制数的规则，按位进行转换。

3) 常用的编码

(1) 二-十进制编码(BCD 码)。BCD 码是用 4 位二进制码的 10 种组合表示十进制数

0～9，所以 BCD 码是用二进制编码的十进制数，而不是二进制数。

常用的 BCD 码有 8421 BCD 码、5421 BCD 码、余 3 码等，它们都用 4 位二进制代码表示一位十进制数，每种编码均有 6 种组合不允许出现。

(2) Gray 码。Gray 码有许多种，其最基本的特点是任意相邻的两组代码中仅有一位数码不同，即具有单位距离码的特点。

典型 Gray 码具有单位距离特性、循环特性和反射性。循环特性是指用 Gray 码所表示的最小数和最大数之间也具有单位距离特性。反射性是指 n 位 Gray 码除最高位对称互补外，其余各位对称反射。

典型 Gray 码与二进制数之间还可以通过异或(⊕)运算互相转换。设 n 位二进制数为 $B_{n-1}B_{n-2}\cdots B_0$，其相应的 Gray 码为 $G_{n-1}G_{n-2}\cdots G_0$，则有

$$G_{n-1}=B_{n-1}$$

$$G_i=B_{i+1}\oplus B_i \quad i=0,1,2,\cdots,n-2$$

反之有

$$B_{n-1}=G_{n-1}$$

$$B_i=B_{i+1}\oplus G_i \quad i=0,1,2,\cdots,n-2$$

1.2 习题解答

1-1 完成下面的数制转换。

(1) 将二进制数转换成等效的十进制数、八进制数和十六进制数。

① $(0011101)_2$ ② $(11011.110)_2$ ③ $(110110111)_2$

(2) 将十进制数转换成等效的二进制数(小数点后取 4 位)、八进制数及十六进制数。

① $(79)_{10}$ ② $(3000)_{10}$ ③ $(27.87)_{10}$ ④ $(889.01)_{10}$

(3) 求出下列各式的值：

① $(78.8)_{16}=(\quad)_{10}$ ② $(76543.21)_8=(\quad)_{16}$

③ $(2FC5)_{16}=(\quad)_4$ ④ $(3AB6)_{16}=(\quad)_2$

⑤ $(12012)_3=(\quad)_4$ ⑥ $(1001101.0110)_2=(\quad)_{10}$

解 (1) ① $(0011101)_2=(29)_{10}=(35)_8=(1D)_{16}$

② $(11011.110)_2=(27.75)_{10}=(33.6)_8=(1B.C)_{16}$

③ $(110110111)_2=(439)_{10}=(667)_8=(1B7)_{16}$

(2) ① $(79)_{10}=(1001111)_2=(117)_8=(4F)_{16}$

② $(3000)_{10}=(101110111000)_2=(5670)_8=(BB8)_{16}$

③ $(27.87)_{10}=(011011.1101)_2=(33.64)_8=(1B.D)_{16}$

④ $(889.01)_{10}=(001101111001.0000)_2=(1571.0)_8=(379.0)_{16}$

(3) ① $(78.8)_{16}=(120.5)_{10}$

② $(76543.21)_8=(7D63.44)_{16}$

③ $(2FC5)_{16}=(2333011)_4$

④ $(3AB6)_{16}=(0011101010110110)_2$

⑤ $(12012)_3=(2030)_4$

⑥ $(1001101.0110)_2=(77.375)_{10}$

1-2　完成下面带符号数的运算。

(1) 对于下列十进制数，试分别用8位字长的二进制原码和补码表示。

① +25　　② 0　　③ +32

④ +15　　⑤ −15　　⑥ −45

(2) 已知下列二进制补码，试分别求出相应的十进制数。

① 000101　　② 111111　　③ 010101

④ 100100　　⑤ 111001　　⑥ 100000

(3) 试用补码完成下列运算，设字长为8位。

① 30−16　　② 16−30　　③ 29+14　　④ −29−14

解　(1) ① $[+25]_{原}=00011001$，$[+25]_{补}=00011001$

② $[0]_{原}=00000000$，$[0]_{补}=00000000$

③ $[+32]_{原}=00100000$，$[+32]_{补}=00100000$

④ $[+15]_{原}=00001111$，$[+15]_{补}=00001111$

⑤ $[-15]_{原}=10001111$，$[-15]_{补}=11110001$

⑥ $[-45]_{原}=10101101$，$[-45]_{补}=11010011$

(2) ① $[X]_{补}=000101$，符号位为0，$[X]_{原}=000101$，所以 $X=+5$。

② $[X]_{补}=111111$，符号位为1，$[X]_{原}=100001$，所以 $X=-1$。

③ $[X]_{补}=010101$，符号位为0，$[X]_{原}=010101$，所以 $X=+21$。

④ $[X]_{补}=100100$，符号位为1，$[X]_{原}=111100$，所以 $X=-28$。

⑤ $[X]_{补}=111001$，符号位为1，$[X]_{原}=100111$，所以 $X=-7$。

⑥ $[X]_{补}=100000$，6位字长补码表示的数的范围是−32～+31(不含0)，所以 $X=-32$。

(3) ① $[30-16]_{补}=[30]_{补}+[-16]_{补}=00011110+11110000=00001110$

符号位为0，故 $[30-16]_{原}=00001110$，所以 $30-16=14$。

② $[16-30]_{补}=[16]_{补}+[-30]_{补}=00010000+11100010=11110010$

符号位为1，故 $[16-30]_{原}=10001110$，所以 $16-30=-14$。

③ $[29+14]_{补}=[29]_{补}+[14]_{补}=00011101+00001110=00101011$

符号位为0，故 $[29+14]_{原}=00101011$，所以 $29+14=43$。

④ $[-29-14]_{补}=[-29]_{补}+[-14]_{补}=11100011+11110010=11010101$

符号位为1，故 $[-29-14]_{原}=10101011$，所以 $-29-14=-43$。

1-3　无符号二进制数00000000～11111111可代表十进制数的范围是多少？无符号二进制数0000000000～1111111111呢？

解　无符号二进制数 00000000～11111111 可以代表 $2^8=256$ 个十进制数，其范围是 0～255；无符号二进制数 0000000000～1111111111 可以代表 $2^{10}=1024$ 个十进制数，其范围是 0～1023。

1-4　将 56 个或 131 个信息编码各需要多少位二进制码？

解　将 56 个信息编码至少需要 6 位二进制码，将 131 个信息编码至少需要 8 位二进制码。

1-5　写出 5 位自然二进制码和格雷码。

解　5 位二进制码和格雷码如表解 1-5 所示。

表解 1-5　5 位二进制码和格雷码

十进制数	二进制码					格雷码					十进制数	二进制码					格雷码				
	B_4	B_3	B_2	B_1	B_0	G_4	G_3	G_2	G_1	G_0		B_4	B_3	B_2	B_1	B_0	G_4	G_3	G_2	G_1	G_0
0	0	0	0	0	0	0	0	0	0	0	16	1	0	0	0	0	1	1	0	0	0
1	0	0	0	0	1	0	0	0	0	1	17	1	0	0	0	1	1	1	0	0	1
2	0	0	0	1	0	0	0	0	1	1	18	1	0	0	1	0	1	1	0	1	1
3	0	0	0	1	1	0	0	0	1	0	19	1	0	0	1	1	1	1	0	1	0
4	0	0	1	0	0	0	0	1	1	0	20	1	0	1	0	0	1	1	1	1	0
5	0	0	1	0	1	0	0	1	1	1	21	1	0	1	0	1	1	1	1	1	1
6	0	0	1	1	0	0	0	1	0	1	22	1	0	1	1	0	1	1	1	0	1
7	0	0	1	1	1	0	0	1	0	0	23	1	0	1	1	1	1	1	1	0	0
8	0	1	0	0	0	0	1	1	0	0	24	1	1	0	0	0	1	0	1	0	0
9	0	1	0	0	1	0	1	1	0	1	25	1	1	0	0	1	1	0	1	0	1
10	0	1	0	1	0	0	1	1	1	1	26	1	1	0	1	0	1	0	1	1	1
11	0	1	0	1	1	0	1	1	1	0	27	1	1	0	1	1	1	0	1	1	0
12	0	1	1	0	0	0	1	0	1	0	28	1	1	1	0	0	1	0	0	1	0
13	0	1	1	0	1	0	1	0	1	1	29	1	1	1	0	1	1	0	0	1	1
14	0	1	1	1	0	0	1	0	0	1	30	1	1	1	1	0	1	0	0	0	1
15	0	1	1	1	1	0	1	0	0	0	31	1	1	1	1	1	1	0	0	0	0

1-6　分别用 8421 BCD 码、余 3 码表示下列各数。

(1) $(9.04)_{10}$　　(2) $(263.27)_{10}$　　(3) $(1101101)_2$

(4) $(3FF)_{16}$　　(5) $(45.7)_8$

解　(1) $(9.04)_{10}=(1001.000\ 00100)_{8421\ BCD码}=(1100.0011\ 0111)_{余3码}$

(2) $(263.27)_{10}=(0010\ 0110\ 0011.0010\ 0111)_{8421\ BCD码}$

$=(0101\ 1001\ 0110.0101\ 1010)_{余3码}$

(3) $(1101101)_2=(109)_{10}=(0001\ 0000\ 1001)_{8421\ BCD码}=(0100\ 0011\ 1100)_{余3码}$

(4) $(3FF)_{16}=(1023)_{10}=(0001\ 0000\ 0010\ 0011)_{8421\ BCD码}$

$=(0100\ 0011\ 0101\ 0110)_{余3码}$

(5) $(45.7)_8=(37.875)_{10}=(0011\ 0111.1000\ 0111\ 0101)_{8421\ BCD码}$

$=(0110\ 1010.1011\ 1010\ 1000)_{余3码}$

第 2 章　逻辑代数基础

2.1　基本要求、基本概念及重点、难点

1. 基本要求

(1) 熟悉逻辑代数的基本定律、运算规则和常用公式。

(2) 熟练掌握逻辑函数的表示方法及相互转换方法。

(3) 掌握逻辑函数的化简方法。

(4) 理解无关项的基本概念及无关项在逻辑函数化简中的应用。

2. 基本概念及重点、难点

1) 逻辑代数的主要定律、公式

逻辑代数有许多定律、公式和规则，其中最常用的主要定律和公式如表 2-1 和表 2-2 所示。

表 2-1　逻辑代数的主要定律和公式

名　　称	主　要　公　式	对　偶　式
反演律(德·摩根定理)	$\overline{A+B}=\overline{A}\cdot\overline{B}$	$\overline{A\cdot B}=\overline{A}+\overline{B}$
合并律	$AB+A\overline{B}=A$	$(A+B)(A+\overline{B})=A$
吸收律①	$A+AB=A$	$A\cdot(A+B)=A$
吸收律②	$A+\overline{A}B=A+B$	$A\cdot(\overline{A}+B)=A\cdot B$
吸收律③	$AB+\overline{A}C+BC=AB+\overline{A}C$	$(A+B)(\overline{A}+C)(B+C)=(A+B)(\overline{A}+C)$

表 2-2　异或、同或运算的主要定律和公式

名　　称	异 或 运 算	同 或 运 算
反演律	$\overline{A\oplus B}=\overline{A}\odot\overline{B}$	$\overline{A\odot B}=\overline{A}\oplus\overline{B}$
调换律	$A\oplus\overline{B}=\overline{A}\oplus B=\overline{A\oplus B}$	$A\odot\overline{B}=\overline{A}\odot B=\overline{A\odot B}$
奇偶律	$\begin{cases}A\oplus A=0\\A\oplus A\oplus A=A\end{cases}$	$\begin{cases}A\odot A=1\\A\odot A\odot A=A\end{cases}$

2) 逻辑函数的表示方法

逻辑函数可以用真值表、卡诺图、逻辑函数表达式、逻辑图等方法表示，这些方法之间可以相互转换。例如，采用不同的器件去实现同一逻辑函数的功能时，其逻辑电路图不

同，所对应的逻辑函数表达式也不相同，因此必须将逻辑函数表达式变换成与其逻辑电路图相应的形式。

同一逻辑函数可以有多种形式的表达式，常用的有以下五种：

(1) 与或式(最小项表达式、一般与或式、最简与或式)。

(2) 或与式(最大项表达式、一般或与式、最简或与式)。

(3) 与非-与非式。

(4) 或非-或非式。

(5) 与或非式。

最小项表达式也称标准与或式，是指与或式中每个与项均为最小项；最大项表达式也称标准或与式，是指或与式中每个或项均为最大项。这两种标准式均与真值表、卡诺图一一对应，因此具有唯一性。

3) 逻辑函数表达式形式的变换

在同一逻辑函数的多种表达式形式中，与或式和或与式是两种最基本的形式，有了这两种基本式，通过逻辑变换(采用代数法或卡诺图法均可)便可得到其他形式的表达式。例如，用卡诺图法将一般与或式变换为其他表达式的过程如下：

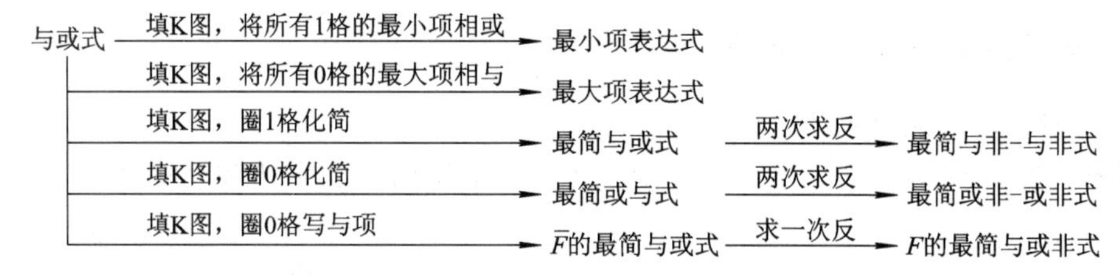

4) 逻辑函数化简

(1) 代数化简法：运用逻辑代数的基本公式、定理消去表达式中的多余项和多余变量，以求得最简表达式。代数化简法的主要方法有并项法、吸收法和配项法。

(2) 卡诺图化简法：适用于五变量以内的逻辑函数。化简卡诺图时应注意以下几点：

① 任何一个卡诺圈只包含 2^i 个方格。

② 最简的原则是：用最少的卡诺圈覆盖所有的 1 格(或 0 格)，每个选中的卡诺圈应最大。

③ 合并 0 格的原则与 1 格相同，但合并 0 格写或项时应注意：或项由卡诺圈所对应的无变化的变量之非组成，即当变量取值为 0 时应写原变量，取值为 1 时应写反变量。

④ 对于包含无关项的逻辑函数，化简时应充分利用无关项的灵活性，使函数式化为最简，但并不是所有的无关项都必须覆盖。

卡诺图除了用来化简逻辑函数外，还可以用来实现两个逻辑函数式之间的逻辑运算，即只要将两个函数卡诺图中相应的方格作与、或、异或等逻辑运算即可。

2.2 习题解答

2-1 试用列真值表的方法证明下列等式成立。

(1) $A+BC=(A+B)(A+C)$

(2) $A+\overline{A}B=A+B$

(3) $A\oplus 0=A$

(4) $A\oplus 1=\overline{A}$

(5) $A(B\oplus C)=AB\oplus AC$

(6) $A\oplus\overline{B}=A\odot B=A\oplus B\oplus 1$

解　(1)～(6)题的真值表分别如表解 2－1(a)、(b)、(c)、(d)、(e)、(f)所示。

表解 2－1

(a)

A	B	C	$F_1=A+BC$	$F_2=(A+B)(A+C)$
0	0	0	0	0
0	0	1	0	0
0	1	0	0	0
0	1	1	1	1
1	0	0	1	1
1	0	1	1	1
1	1	0	1	1
1	1	1	1	1

(b)

A	B	$F_1=A+\overline{A}B$	$F_2=A+B$
0	0	0	0
0	1	1	1
1	0	1	1
1	1	1	1

(c)

A	0	$A\oplus 0$
0	0	0
1	0	1

(d)

A	1	$A\oplus 1$
0	1	1
1	1	0

(e)

A	B	C	$A(B\oplus C)$	$AB\oplus AC$
0	0	0	0	0
0	0	1	0	0
0	1	0	0	0
0	1	1	0	0
1	0	0	0	0
1	0	1	1	1
1	1	0	1	1
1	1	1	0	0

(f)

A	B	$A\oplus\overline{B}$	$A\odot B$	$A\oplus B\oplus 1$
0	0	1	1	1
0	1	0	0	0
1	0	0	0	0
1	1	1	1	1

2－2　分别用反演规则和对偶规则求出下列函数的反函数式 $\overline{F}$ 和对偶式 F_d。

(1) $F=[(A\overline{B}+C)D+E]B$

(2) $F=AB+(\overline{A}+C)(C+\overline{D}E)$

(3) $F=A+\overline{B+\overline{C}+\overline{D+\overline{E}}}$

(4) $F=(A+B+C)\overline{A}\overline{B}\overline{C}=0$

(5) $F=A\oplus B$

解 (1) $\overline{F}=[(\overline{A}+B)\cdot\overline{C}+\overline{D}]\overline{E}+\overline{B}$

$F_d=[(A+\overline{B})\cdot C+D]\cdot E+B$

(2) $\overline{F}=(\overline{A}+\overline{B})\cdot[A\overline{C}+\overline{C}(D+\overline{E})]$

$F_d=(A+B)\cdot[\overline{A}C+C(\overline{D}+E)]$

(3) $\overline{F}=\overline{A}\cdot(B+\overline{C}+\overline{D+\overline{E}})$

$F_d=A\cdot\overline{B\cdot\overline{C}\cdot\overline{D\cdot\overline{E}}}$

(4) $\overline{F}=\overline{A}\cdot\overline{B}\cdot\overline{C}+(A+B+C)=1$

$F_d=A\cdot B\cdot C+(\overline{A}+\overline{B}+\overline{C})=1$

(5) $\overline{F}=A\odot B$

$F_d=(A+\overline{B})(\overline{A}+B)=A\odot B$

2-3 用公式法证明下列等式。

(1) $AB+\overline{A}C+(\overline{B}+\overline{C})D=AB+\overline{A}C+D$

(2) $BC+D+\overline{D}(\overline{B}+\overline{C})(AD+B)=B+D$

(3) $\overline{A}\overline{C}+\overline{A}\overline{B}+BC+\overline{A}\overline{C}\overline{D}=\overline{A}+BC$

(4) $A\overline{B}+B\overline{C}+C\overline{A}=\overline{A}B+\overline{B}C+\overline{C}A$

(5) $A\oplus B\oplus C=A\odot B\odot C$

(6) $A\oplus B=\overline{A}\oplus\overline{B}$

(7) $\overline{A}CD+A\overline{C}\overline{D}=(A\oplus C)(A\oplus D)$

解 (1) 左边$=AB+\overline{A}C+(\overline{B}+\overline{C})D=AB+\overline{A}C+BC+\overline{BC}D$

$=AB+\overline{A}C+BC+D=AB+\overline{A}C+D=$右边

(2) 左边$=BC+D+\overline{D}(\overline{B}+\overline{C})(AD+B)=BC+D+\overline{BC}(AD+B)$

$=BC+D+AD+B=B+D=$右边

(3) 左边$=\overline{A}\overline{C}+\overline{A}\overline{B}+BC+\overline{A}\overline{C}\overline{D}=\overline{A}\overline{C}+\overline{A}\overline{B}+BC+\underline{\overline{A}C}+\overline{A}\overline{C}\overline{D}$ （添多余项 $\overline{A}C$）

$=\overline{A}+BC=$右边

(4) 左边$=A\overline{B}+B\overline{C}+C\overline{A}=A\overline{B}+B\overline{C}+\underline{A\overline{C}}+C\overline{A}+\underline{\overline{B}C}+\underline{\overline{A}B}$(添多余项 $A\overline{C}$、$\overline{B}C$、$\overline{A}B$)

$=A\overline{C}+\overline{B}C+\overline{A}B=$右边

(5) 左边$=A\oplus B\oplus C=\overline{A\odot B}\oplus C=A\odot B\odot C=$右边

(6) 左边$=\overline{A}\oplus\overline{B}=A\overline{B}+\overline{A}B=A\oplus B=$右边

(7) 右边$=(A\oplus C)(A\oplus D)=(A\overline{C}+\overline{A}C)(A\overline{D}+\overline{A}D)=A\overline{C}\overline{D}+\overline{A}CD=$左边

2-4 对于图 P2-4(a)所示的每一个电路：

(1) 写出电路的输出函数表达式，列出完整的真值表。

(2) 若将图 P2-4(b)所示的波形加到图 P2-4(a)所示电路的输入端，试分别画出 F_1、F_2 的输出波形。

解 (1) $F_1=\overline{\overline{A+B}\cdot\overline{B+\overline{C}}}=A+B+B+\overline{C}=A+B+\overline{C}$

$F_2=A\oplus B\oplus C$

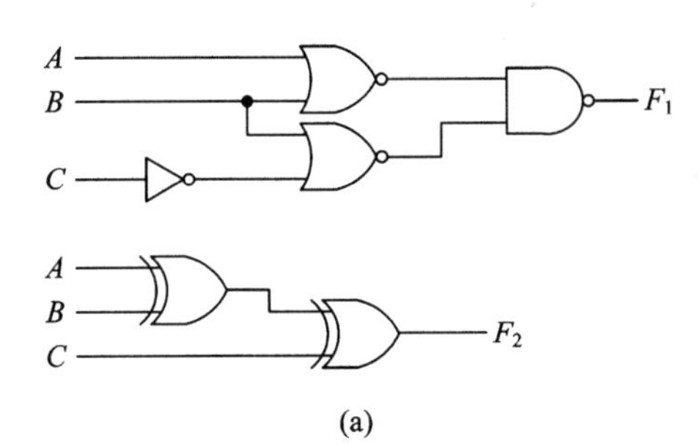

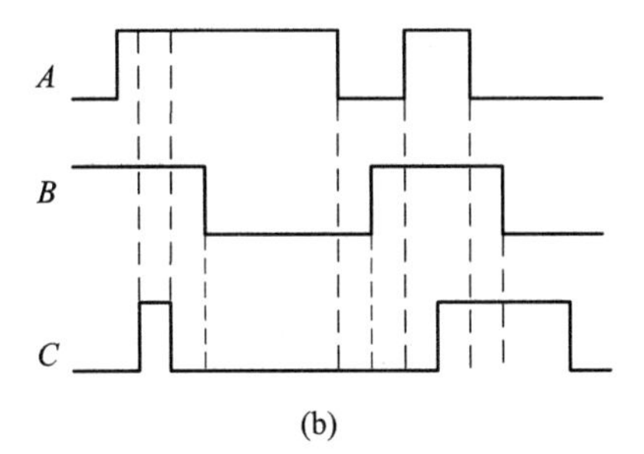

图 P2-4

F_1、F_2 的真值表如表解 2-4 所示。

(2) F_1、F_2 的输出波形如图解 2-4 所示。

表解 2-4

A	B	C	F_1	F_2
0	0	0	1	0
0	0	1	0	1
0	1	0	1	1
0	1	1	1	0
1	0	0	1	1
1	0	1	1	0
1	1	0	1	0
1	1	1	1	1

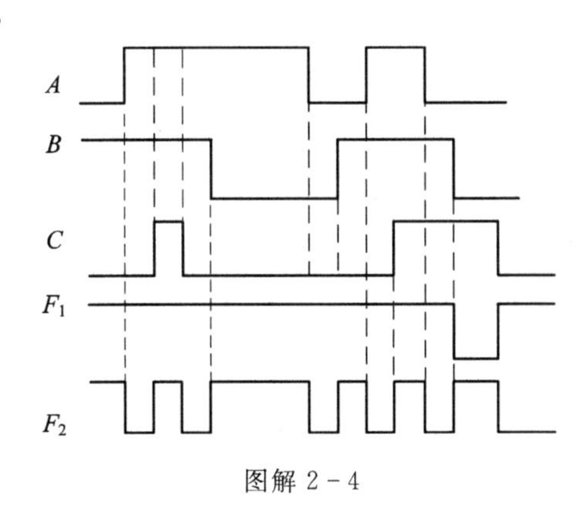

图解 2-4

2-5 已知逻辑函数的真值表分别如表 P2-5(a)、(b)、(c)所示。

(1) 试分别写出各逻辑函数的最小项之和表达式、最大项之积表达式。

(2) 分别求出各逻辑函数的最简与或式、最简或与式。

表 P2-5

(a)

A	B	C	F_1
0	0	0	1
0	0	1	1
0	1	0	1
0	1	1	0
1	0	0	0
1	0	1	0
1	1	0	0
1	1	1	0

(b)

A	B	C	F_2
0	0	0	0
0	0	1	1
0	1	0	0
0	1	1	0
1	0	0	1
1	0	1	1
1	1	0	1
1	1	1	0

(c)

A	B	C	F_3
0	0	0	0
0	0	1	0
0	1	0	1
0	1	1	0
1	0	0	0
1	0	1	1
1	1	0	1
1	1	1	1

解 (1) $F_1 = \sum m(0, 1, 2) = \prod M(3, 4, 5, 6, 7)$

$F_2 = \sum m(1, 4, 5, 6) = \prod M(0, 2, 3, 7)$

$F_3 = \sum m(2, 5, 6, 7) = \prod M(0, 1, 3, 4)$

(2) $F_1 = \overline{A}\overline{B} + \overline{A}\overline{C} = \overline{A}(\overline{B} + \overline{C})$

$$F_2 = A\overline{C} + \overline{B}C = (A+C)(\overline{B}+\overline{C})$$

$$F_3 = B\overline{C} + AC = (B+C)(A+\overline{C})$$

2－6　对于图 P2－6 所示的每一个电路：

(1) 试写出未经化简的逻辑函数表达式。

(2) 写出各函数的最小项之和表达式。

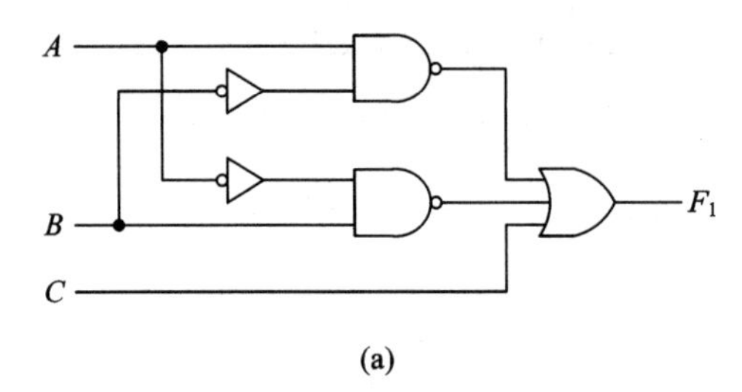

(a)

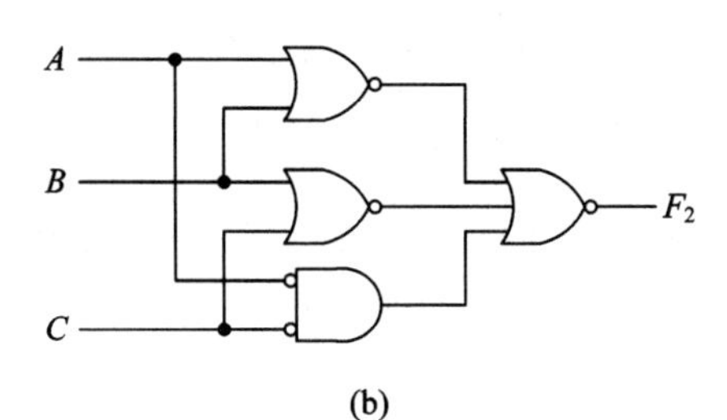

(b)

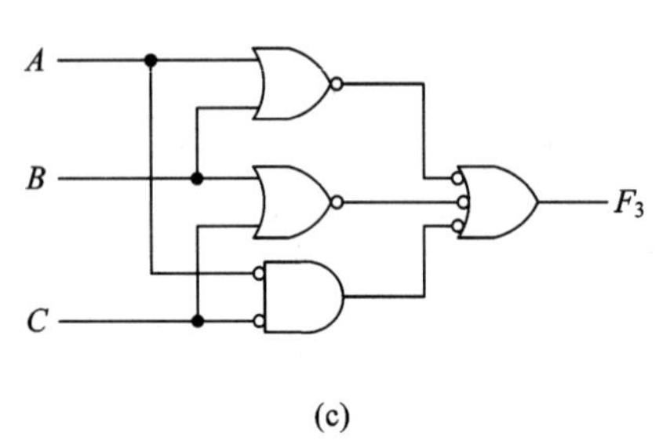

(c)

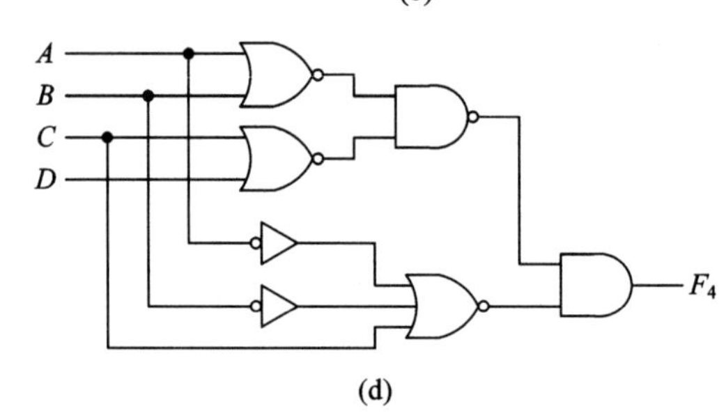

(d)

图 P2－6

解　(1) $F_1=\overline{A\overline{B}}+\overline{\overline{A}B}+C$

$$F_2=\overline{\overline{A+B}+\overline{B+C}+\overline{A}\cdot\overline{C}}$$

$$F_3=\overline{\overline{A+B}}+\overline{\overline{B+C}}+\overline{\overline{A}\,\overline{C}}$$

$$F_4=\overline{\overline{\overline{A+B}\cdot\overline{C+D}}\cdot\overline{\overline{A}+\overline{B}+C}}$$

(2) $F_1 = 1 = \sum m(0, 1, 2, 3, 4, 5, 6, 7)$

$$F_2 = (A+B)\cdot(B+C)\cdot(A+C) = \sum m(3, 5, 6, 7)$$

$$F_3 = A+B+B+C+A+C = A+B+C = \sum m(1, 2, 3, 4, 5, 6, 7)$$

$$F_4 = (A+B+C+D)\cdot AB\overline{C} = AB\overline{C} = \sum m(12, 13)$$

2－7　用代数法化简下列逻辑函数，求出最简与或式。

(1) $F=A\overline{B}+B+\overline{A}B$

(2) $F=A\overline{B}C+\overline{A}+B+\overline{C}$

(3) $F=\overline{\overline{A}BC}+\overline{A\overline{B}}$

(4) $F=A\overline{B}CD+ABD+A\overline{C}D$

(5) $F=A\overline{B}(\overline{A}CD+\overline{AD+\overline{B}\,\overline{C}})(\overline{A}+B)$

(6) $F=AC(\overline{C}D+\overline{A}B)+BC(\overline{\overline{B}+AD+CE})$

(7) $F=A\overline{C}+ABC+AC\overline{D}+CD$

(8) $F=A+(\overline{\bar{B}+\bar{C}})(A+\bar{B}+C)(A+B+C)$

(9) $F=B\bar{C}+AB\bar{C}E+\bar{B}(\overline{\bar{A}\bar{D}+AD})+B(A\bar{D}+\bar{A}D)$

(10) $F=AC+A\bar{C}D+A\bar{B}\bar{E}F+B(D\oplus E)+B\bar{C}D\bar{E}+B\bar{C}\bar{D}E+AB\bar{E}F$

解 (1) $F=A+B$

(2) $F=1$

(3) $F=1$

(4) $F=AD$

(5) $F=0$

(6) $F=ABCD\bar{E}$

(7) $F=A+CD$

(8) $F=A+\bar{B}C$

(9) $F=B\bar{C}+(A\oplus D)$

(10) $F=AC+AD+B(D\oplus E)+A\bar{E}F$

2-8 判断图 P2-8 中各卡诺图的圈法是否正确。如有错请改正，并写出最简与或表达式。

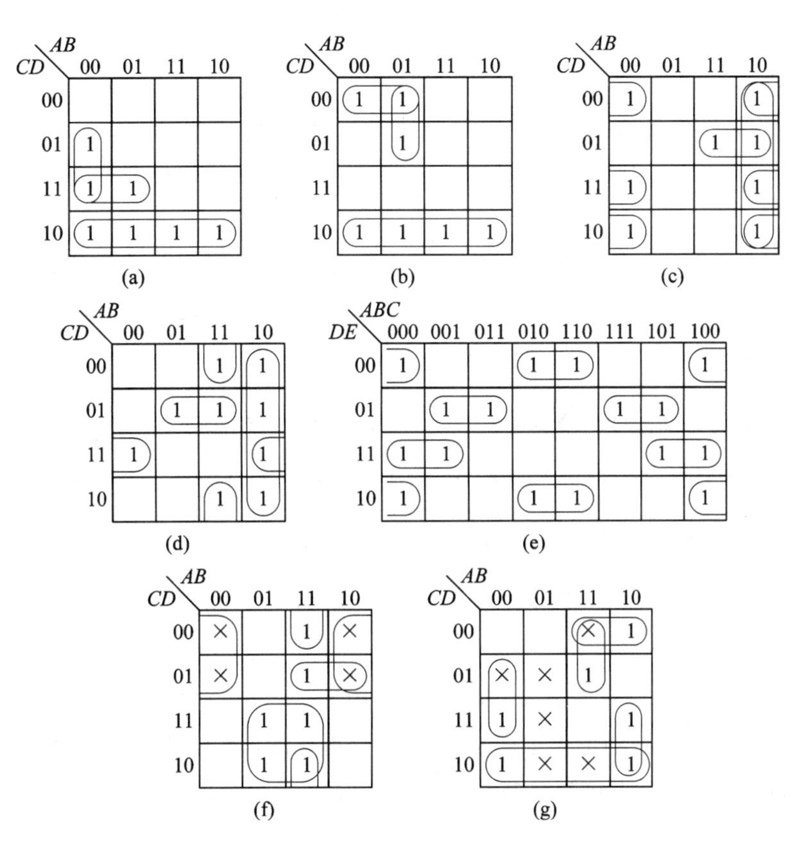

图 P2-8

解 各卡诺图圈法均有错，改正后的各卡诺图圈法如图解 2-8 所示。

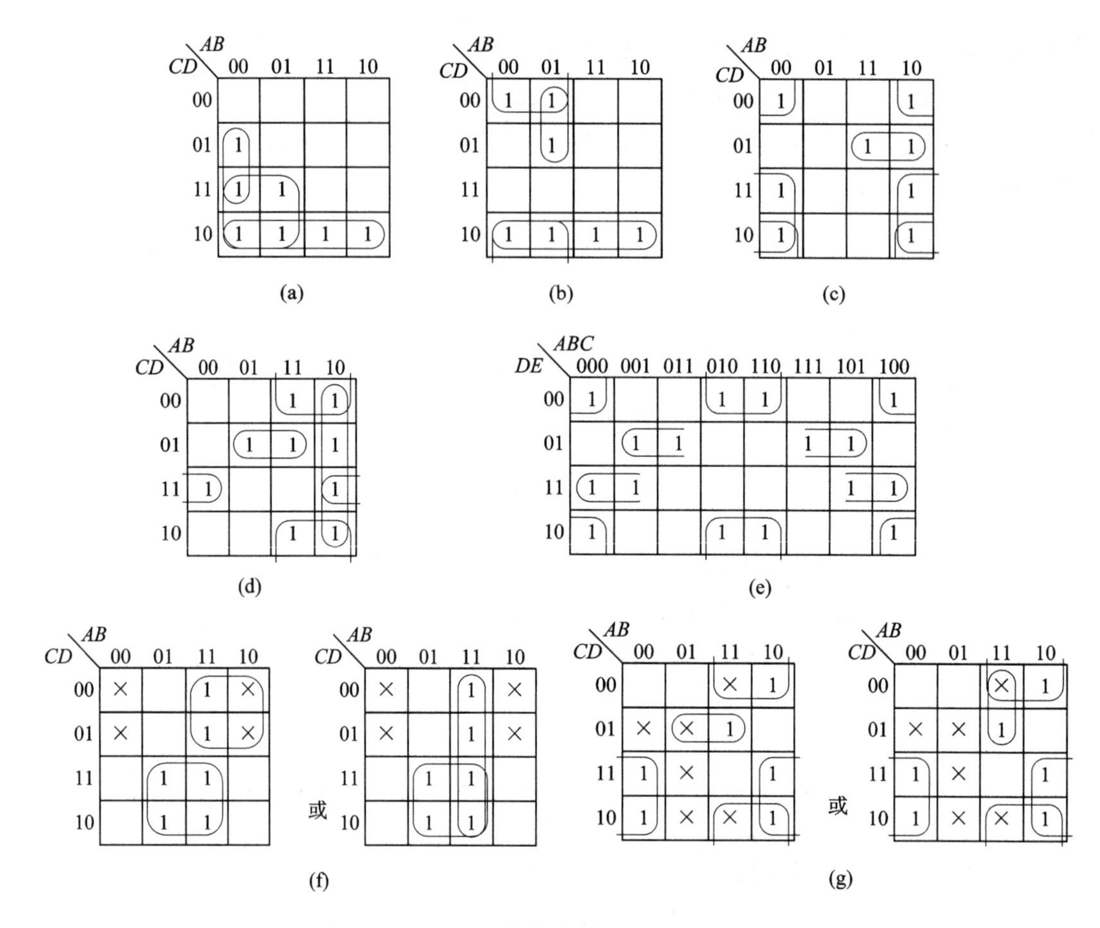

图解 2-8

2-9　用卡诺图化简法将下列函数化简为最简与或式，并画出全部由与非门组成的逻辑电路图。

(1) $F_1(A, B, C) = \sum m(0, 1, 2, 5, 7)$

(2) $F_2(A, B, C, D) = \sum m(2, 3, 6, 7, 8, 10, 12, 14)$

(3) $F_3(A, B, C, D) = \sum m(2, 3, 4, 5, 8, 9, 14, 15)$

(4) $F_4(A, B, C, D, E) = \sum m(0, 4, 18, 19, 22, 23, 25, 29)$

(5) $F_5(A, B, C, D) = \prod M(0, 1, 2, 3, 6, 8, 10, 11, 12)$

(6) $F_6 = AB + ABD + \overline{A}C + BCD$

(7) $F_7 = A\overline{C}\overline{D} + BC + \overline{B}D + A\overline{B} + \overline{A}C + \overline{B}\overline{C}$

解　将各逻辑函数分别填入卡诺图后，圈“1”格化简，求得最简与或式；将最简与或式两次求反，脱内部长非号后可得最简与非-与非式，并画出逻辑图。

(1) $F_1 = \overline{A}\overline{B} + \overline{A}\overline{C} + AC = \overline{A}\overline{C} + AC + \overline{B}C$

(2) $F_2 = A\overline{D} + \overline{A}C$

(3) $F_3 = \overline{A}\overline{B}C + \overline{A}B\overline{C} + A\overline{B}\overline{C} + ABC$

(4) $F_4=A\overline{B}D+\overline{A}\overline{B}\overline{D}\overline{E}+AB\overline{D}E$

(5) $F_5=\overline{A}B\overline{C}+ABC+A\overline{C}D+BD$

(6) $F_6=AB+\overline{A}C$

(7) $F_7=C+\overline{B}+A\overline{D}$

各电路图如图解 2 - 9 所示。

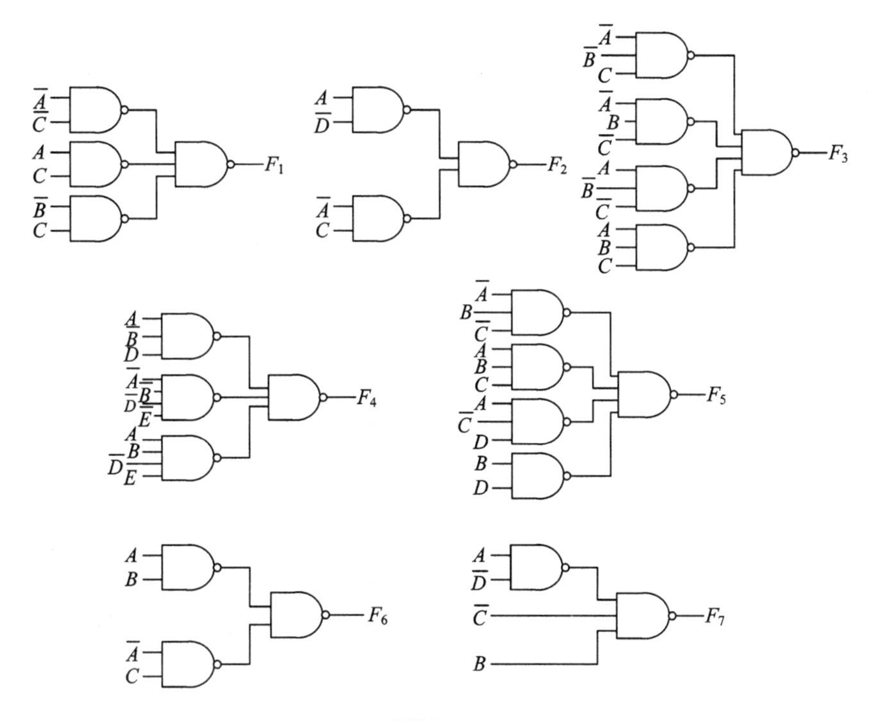

图解 2 - 9

2 - 10 用卡诺图化简法将下列函数化简为最简或与式，并画出全部由或非门组成的逻辑电路图。

(1) $F_1(A, B, C, D) = \sum m(0, 2, 5, 7, 8, 10, 13, 15)$

(2) $F_2(A, B, C, D) = \prod M(0, 2, 3, 7, 8, 10, 11, 13, 15)$

(3) $F_3(A, B, C, D, E) = \prod M(0, 1, 3, 4, 5, 7, 10, 14, 19, 23, 26, 27, 30, 31)$

(4) $F_4 = \overline{A}\overline{B} + (A\overline{B} + \overline{A}B + AB)C$

(5) $F_5 = (A + B)(A + B + C)(\overline{A} + C)(B + C + D)$

解 将各逻辑函数分别填入卡诺图后，圈“0”格化简，每个卡诺圈对应写一个或项，从而求得最简或与式，进而求得最简或非-或非式，画逻辑图。

(1) $F_1=(\overline{B}+D)(B+\overline{D})=\overline{\overline{\overline{B}+D}+\overline{B+\overline{D}}}$

(2) $F_2=(B+D)(\overline{C}+\overline{D})(\overline{A}+\overline{B}+\overline{D})=\overline{\overline{B+D}+\overline{\overline{C}+\overline{D}}+\overline{\overline{A}+\overline{B}+\overline{D}}}$

(3) $F_3=(A+B+D)(\overline{B}+\overline{D}+\overline{E})(B+\overline{D}+\overline{E})(\overline{A}+\overline{B}+\overline{D})$

或 $F_3=(A+B+D)(\overline{B}+\overline{D}+E)(A+B+\overline{E})(\overline{A}+\overline{D}+\overline{E})$

(4) $F_4=(\bar{A}+C)(\bar{B}+C)=\overline{\overline{\bar{A}+C}+\overline{\bar{B}+C}}$

(5) $F_5=(A+B)(\bar{A}+C)=\overline{\overline{A+B}+\overline{\bar{A}+C}}$

各电路图如图解 2－10 所示。

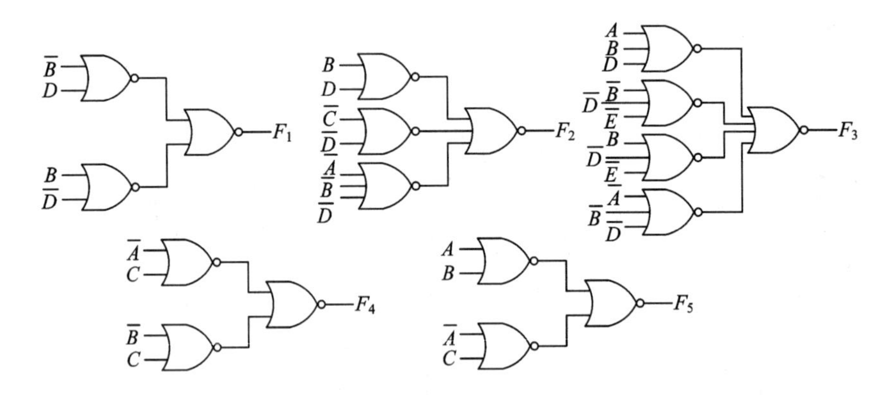

图解 2－10

2－11　已知 $F_1=\bar{A}B\bar{D}+\bar{C}$，$F_2=(B+C)(A+\bar{B}+D)(\bar{C}+D)$，试求：

(1) $F_a=F_1\cdot F_2$ 之最简与或式和最简与非-与非式。

(2) $F_b=F_1+F_2$ 之最简或与式和最简或非-或非式。

(3) $F_c=F_1\oplus F_2$ 之最简与或非式。

解　两函数之间的与、或、异或运算可由两个函数的卡诺图运算(即两个卡诺图中相应的方格作与、或、异或运算)来实现。分别求出 F_a、F_b 和 F_c 的卡诺图，如图解 2－11 所示。

CD \ AB	00	01	11	10
00	0	0	1	0
01	0	1	1	0
11	0	0	0	0
10	0	0	0	0

(a) F_a

CD \ AB	00	01	11	10
00	1	1	1	1
01	1	1	1	1
11	1	1	1	1
10	0	1	0	0

(b) F_b

CD \ AB	00	01	11	10
00	1	1	0	1
01	1	0	0	1
11	1	1	1	1
10	0	1	0	0

(c) F_c

图解 2－11

各函数表达式为

$$F_a=F_1\cdot F_2=\overline{\overline{AB\bar{C}}\cdot\overline{B\bar{C}D}}$$

$$F_b=F_1+F_2=\overline{\overline{(\bar{A}+\bar{C}+D)}+\overline{(B+\bar{C}+D)}}$$

$$F_c=F_1\oplus F_2=\overline{B\bar{C}D+AB\bar{D}+\bar{B}C\bar{D}}$$

2－12　设有 3 个输入变量 A、B、C，试按下述逻辑问题列出真值表，并写出它们各自的最小项积之和式和最大项和之积式。

(1) 当 $A+B=C$ 时，输出 F_b 为 1，其余情况为 0。

(2) 当 $A\oplus B=B\oplus C$ 时，输出 F_c 为 1，其余情况为 0。

解　F_b、F_c 随 A、B、C 变化的真值表如表解 2-12 所示。

(1) $F_b = \sum m(0, 3, 5, 7) = \prod M(1, 2, 4, 6)$

(2) $F_c = \sum m(0, 2, 5, 7) = \prod M(1, 3, 4, 6)$

表解 2-12

A	B	C	F_b	F_c
0	0	0	1	1
0	0	1	0	0
0	1	0	0	1
0	1	1	1	0
1	0	0	0	0
1	0	1	1	1
1	1	0	0	0
1	1	1	1	1

2-13　将下列具有无关项的逻辑函数化简为与或表达式。

(1) $F_1(A, B, C, D) = \prod M(0, 1, 4, 7, 9, 10, 13) \cdot \prod d(2, 5, 8, 12, 15)$

(2) $F_2(A, B, C, D) = \sum m(1, 3, 6, 8, 11, 14) + \sum d(2, 4, 5, 13, 15)$

(3) $F_3(A, B, C, D) = \sum m(0, 2, 4, 5, 10, 12, 15) + \sum d(8, 14)$

解　各逻辑函数的卡诺图及最简与或式分别如图解 2-13(a)、(b)、(c)所示。

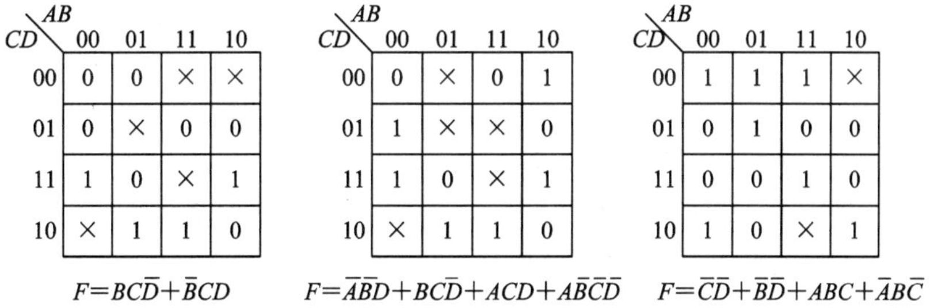

CD \ AB	00	01	11	10
00	0	0	×	×
01	0	×	0	0
11	1	0	×	1
10	×	1	1	0

$F=BC\overline{D}+\overline{B}CD$

(a)

CD \ AB	00	01	11	10
00	0	×	0	1
01	1	×	×	0
11	1	0	×	1
10	×	1	1	0

$F=\overline{A}\overline{B}D+BC\overline{D}+ACD+A\overline{B}\overline{C}\overline{D}$

(b)

CD \ AB	00	01	11	10
00	1	1	1	×
01	0	1	0	0
11	0	0	1	0
10	1	0	×	1

$F=\overline{C}\overline{D}+\overline{B}\overline{D}+ABC+\overline{A}B\overline{C}$

(c)

图解 2-13

2-14　将下列具有约束条件的逻辑函数化简为最简或与表达式：

(1) $\begin{cases} F=AB\overline{C}+A\overline{B}\overline{C}+\overline{A}\overline{B}C\overline{D}+A\overline{B}C\overline{D} \\ \text{变量 } ABCD \text{ 不可能出现相同的取值} \end{cases}$

(2) $\begin{cases} F=(A\oplus B)C\overline{D}+\overline{A}B\overline{C}+\overline{A}\overline{C}D \\ AB+CD=0 \end{cases}$

解　(1) $F=(A+C)(\overline{C}+\overline{D})(\overline{B}+\overline{C})$

(2) $F=(A+B+D)(\overline{A}+C)$

第3章　集成逻辑门

3.1　基本要求、基本概念及重点、难点

1. 基本要求

(1) 掌握 TTL 门电路的主要外特性和参数。

(2) 熟悉 CMOS 逻辑门的主要特点。

(3) 掌握集电极(漏极)开路(OC 或 OD)门和三态(TS)门的结构、功能特点和使用方法。

2. 基本概念及重点、难点

1) TTL 与非门的主要外特性和参数

(1) 电压传输特性，即 $U_o = f(U_i)$ 变化关系。

特性参数：输出高电平 U_{oH}、输出低电平 U_{oL}、开门电平 U_{ON}、关门电平 U_{OFF}、噪声容限 U_{NL}、U_{NH}。

(2) 输入特性，即输入电流 I_i 与输入电压 U_i 之间的关系曲线。

特性参数：输入短路电流 I_{iS}、输入漏电流 I_{iH}。

(3) 输入负载特性，即输入电压 U_i 随输入负载 R_i 变化的关系曲线。

特性参数：关门电阻 R_{OFF}、开门电阻 R_{ON}。

(4) 输出特性，即输出电压 U_o 随输出电流 I_o 变化的关系曲线。

特性参数：最大允许灌电流 I_{Lmax}、最大允许拉电流 I_{Hmax}。

2) CMOS 逻辑门的主要特点

(1) 与 TTL 门电路相比，CMOS 门电路的许多特性接近于理想特性，因此它具有功耗低、抗干扰能力强、电源电压工作范围宽等优点。随着 CMOS 制造工艺不断改进，它已成为当前数字集成电路的主流产品。目前常用的 CMOS 产品有 40××、45××及高速 CMOS 产品 74HC×××、74HCT×××、74AHC×××、74AHCT×××等系列。

(2) CMOS 电路使用时应注意以下几点：

① 多余的输入端不允许悬空。

② 输出端不允许直接接电源或地。

③ 焊接时电烙铁外壳应接地。

3) 集电极(漏极)开路门和三态门

集电极(漏极)开路(OC/OD)门的特点：允许多个(OC/OD)门的输出端直接并接，但

使用时必须外接上拉电阻。其主要用途为：在并接输出端可以实现“线与”功能，也可以作为接口电路，实现逻辑电平转换。

三态(TS)门的特点：输出端有三种状态，即低电平(逻辑 0)、高电平(逻辑 1)和高阻(悬空)状态。三态门输出端也允许直接并接，但它不需要外接电阻。三态门的主要用途是可将数据分时传送到数据总线上，它通常有两种使能控制信号：EN＝0 工作，EN＝1 高阻，或者反之 EN＝1 工作，EN＝0 高阻。

3.2 习题解答

3－1 二极管门电路如图 P3－1 所示。已知二极管导通压降为 0.7 V，A、B、C 高电平输入为 5 V，低电平输入为 0.3 V，试分别列出电路的真值表，写出输出表达式。若图 P3－1(a)输出高电平 $U_{oH} \geqslant 3$ V，试计算负载电阻 R_L 的最小值。

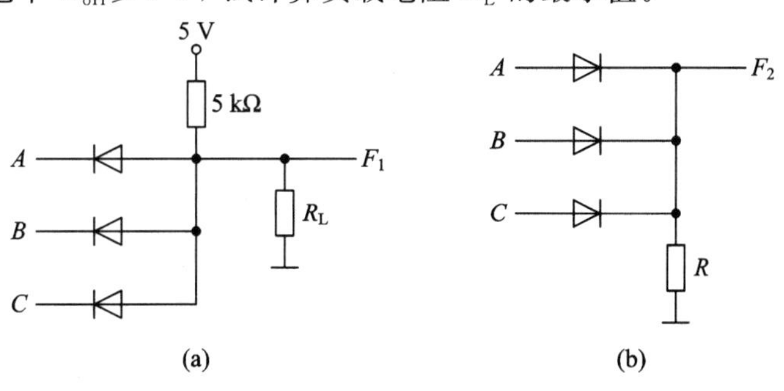

图 P3－1

解 F_1、F_2 随 A、B、C 变化的电平真值表如表解 3－1 所示，则

$$F_1 = A \cdot B \cdot C$$
$$F_2 = A + B + C$$

根据：

$$\frac{U_{oH}}{R_L} = \frac{5\ \text{V} - U_{oH}}{5\ \text{k}\Omega}$$

求得 $R_L \geqslant 7.5$ kΩ，即 $R_{Lmin} = 7.5$ kΩ。

表解 3－1

A	B	C	F_1	F_2
L	L	L	L	L
L	L	H	L	H
L	H	L	L	H
L	H	H	L	H
H	L	L	L	H
H	L	H	L	H
H	H	L	L	H
H	H	H	H	H

3－2 TTL 与非门电路如图 P3－2 所示。如果在输入端接电阻 R_i，试计算 $R_i = 0.5$ kΩ 和 $R_i = 2$ kΩ 时的输入电压 U_i。

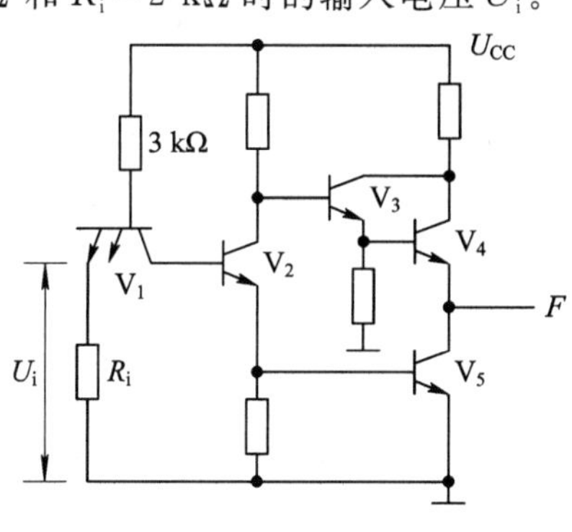

图 P3－2

解 $R_i=0.5\ \text{k}\Omega$ 时，$U_i=\dfrac{5-U_{be1}}{3+0.5}\times 0.5\approx 0.61\ \text{V}$。

$R_i=2\ \text{k}\Omega$ 时，$U_i=\dfrac{5-U_{be1}}{3+2}\times 2\approx 1.7\ \text{V}$。由于 $U_{b1}=U_{bc1}+U_{be2}+U_{be5}$，$U_{b1}$ 不能大于 2.1 V，$U_i=U_{b1}-U_{be1}$，U_i 最多不能超过 1.4 V，所以此时 U_i 被嵌位在 1.4 V。

3-3 有两组 TTL 与非门器件，分别测得它们的技术参数如下：

A 组：$U_{oHmin}=2.4\ \text{V}$，$U_{oLmax}=0.4\ \text{V}$，$U_{iHmin}=2\ \text{V}$，$U_{iLmax}=0.8\ \text{V}$；

B 组：$U_{oHmin}=2.7\ \text{V}$，$U_{oLmax}=0.5\ \text{V}$，$U_{iHmin}=2\ \text{V}$，$U_{iLmax}=0.8\ \text{V}$。

试分别求出它们的噪声容限，并判断哪组门电路的抗干扰能力强。

解 对于 A 组：

$$U_{NLA}=U_{OFF}-U_{oLmax}=U_{iLmax}-U_{oLmax}=0.8\ \text{V}-0.4\ \text{V}=0.4\ \text{V}$$

$$U_{NHA}=U_{oHmin}-U_{ON}=U_{oHmin}-U_{iHmin}=2.4\ \text{V}-2\ \text{V}=0.4\ \text{V}$$

对于 B 组：

$$U_{NLB}=U_{OFF}-U_{oLmax}=U_{iLmax}-U_{oLmax}=0.8\ \text{V}-0.5\ \text{V}=0.3\ \text{V}$$

$$U_{NHB}=U_{oHmin}-U_{ON}=U_{oHmin}-U_{iHmin}=2.7\ \text{V}-2\ \text{V}=0.7\ \text{V}$$

电路的噪声容限越大，抗干抗能力就越强。综合考虑，B 组的抗干扰能力要比 A 组强。

3-4 TTL 与非门输入端可以有 4 种接法：① 输入端悬空；② 输入端接高于 2 V、低于 5 V 的电源；③ 输入端接同类与非门的输出高电压 3.6 V；④ 输入端接大于 2 kΩ 的电阻到地。试说明这 4 种接法都属于输入高电平(逻辑 1)。

解 TTL 与非门的输入端的逻辑可通过以下方法判断：

(1) 当输入端电压 $U_i\geqslant U_{ON}$ 时为逻辑 1，当输入端电压 $U_i<U_{OFF}$ 时为逻辑 0。U_{ON} 的典型值为 $U_{iHmin}=2\ \text{V}$，U_{OFF} 的典型值为 $U_{iLmin}=0.8\ \text{V}$。

(2) 若输入端接电阻 R_i，则当 $R_i\geqslant R_{ON}$ 时为逻辑 1，当 $R_i<R_{OFF}$ 时为逻辑 0。典型的 $R_{ON}=2\ \text{k}\Omega$，$R_{OFF}=0.7\ \text{k}\Omega$。

根据以上概念可以对 TTL 与非门的 4 种接法进行判断：

(1) 输入端悬空，相当于输入电阻 R_i 无穷大，即 $R_i>R_{ON}$，所以相当于逻辑 1。

(2) $5\ \text{V}>U_i>2\ \text{V}$ 时，$U_i>U_{ON}$，所以输入相当于逻辑 1。

(3) 前极输出为 3.6 V 时，$U_i>U_{ON}$，所以输入也相当于逻辑 1。

(4) 输入端接大于 2 kΩ 的电阻到地时，$R_i>2\ \text{k}\Omega$，即大于 R_{ON}，所以输入端也相当于逻辑 1。

3-5 TTL 电路拉电流的负载能力小于 5 mA，灌电流的负载能力小于 20 mA，开门电平 $U_{ON}\leqslant 1.8\ \text{V}$，关门电平 $U_{OFF}>0.8\ \text{V}$。有人根据图 P3-5(a)～(e)所示的逻辑电路图写出 $F_1\sim F_5$ 表达式分别为

$$F_1=\overline{AB}\cdot\overline{CD},\ F_2=AB+CD,\ F_3=AB+CD,\ F_4=AB+CD,\ F_5=\overline{AB+CD}$$

试判断这些表达式是否正确，并简述其理由。

解 图 P3-5(a)。×，因为 TTL 门输出端不能直接并接。

图 P3-5(b)：×。当 F_2 输出高电平时，有拉电流流过负载，此处

$$I_{L拉}=\frac{3.6\ \text{V}}{0.15\ \Omega}\times10^{-3}=24\ \text{mA}>5\ \text{mA}$$

该拉电流大于额定电流，所以电路不能正常工作。

图 P3－5(c)：×。因为 $R_i=0.3\ \text{k}\Omega<R_{OFF}=0.7\ \text{k}\Omega$，相当于输入端为低电平，所以 $F_3=1$。

图 P3－5(d)：√。当 F_4 输出低电平时有灌电流流过负载，此处

$$I_{L灌}=\frac{5\ \text{V}}{R_L}=\frac{5\ \text{V}}{1\ \text{k}\Omega}=5\ \text{mA}<20\ \text{mA}$$

该灌电流小于额定电流，所以电路可以正常工作。

图 P3－5(e)：×。因为 $R_i=3\ \text{k}\Omega>R_{ON}=2\ \text{k}\Omega$，$U_i=1.4$ V 相当于输入端为高电平，所以 $F_5=0$。

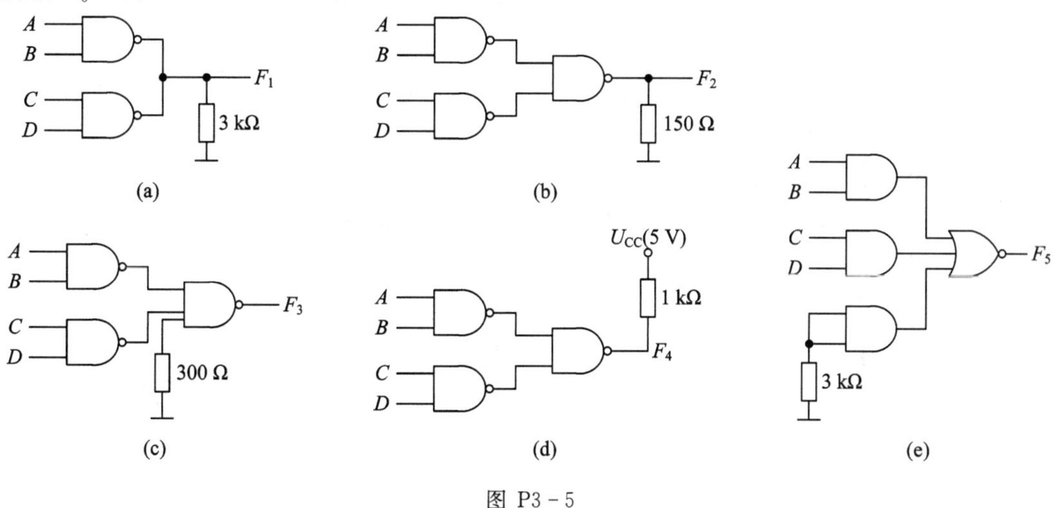

图 P3－5

3－6 试判断图 P3－6 所示各电路能否按各图要求的逻辑关系正常工作。若电路接法有错，则改电路；若电路正确但给定的逻辑关系不对，则写出正确的逻辑表达式。

已知 TTL 门的 $I_{oH}/I_{oL}=0.4\ \text{mA}/10\ \text{mA}$，$U_{oH}/U_{oL}=3.6\ \text{V}/0.3\ \text{V}$，CMOS 门的 $U_{DD}=5$ V，$U_{oH}/U_{oL}=5\ \text{V}/0\ \text{V}$，$I_{oH}/I_{oL}=0.5\ \text{mA}/0.5\ \text{mA}$。

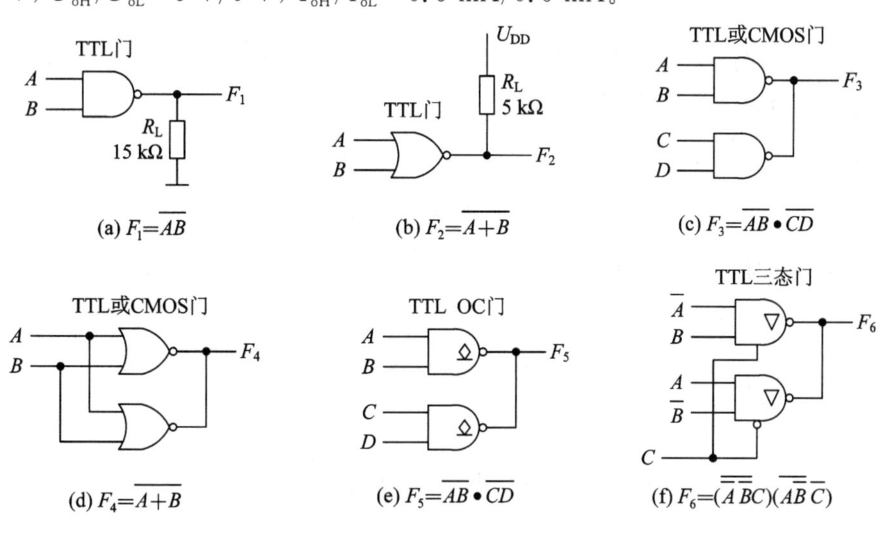

图 P3－6

解　图 P3-6(a)：√。$F_1=\overline{AB}$，因 $I_{L拉}=\dfrac{3.6\ \text{V}}{15\ \Omega}\times 10^{-3}=0.24\ \text{mA}<0.4\ \text{mA}$，故电路能正常工作。

图 P3-6(b)：√。$F_2=\overline{A+B}$，因 $I_{L灌}=\dfrac{5\ \text{V}}{5\ \Omega}\times 10^{-3}=1\ \text{mA}<10\ \text{mA}$，故电路能正常工作。

图 P3-6(c)：×。因与非门输出端不能直接并联。如果改用 OC 门，并在输出端加 R_L 接至 U_{CC}，则电路能正常工作，并满足 $F_3=\overline{AB}\cdot\overline{CD}$。

图 P3-6(d)：√。$F_4=\overline{A+B}$，这里相当于将两个门并联为一个门使用，由于两个门的输出状态总是相同，因此不会相互影响。这种连接可以提高门的驱动能力。

图 P3-6(e)：×。使用 OC 门时，在输出端应加上拉电阻 R_L，将其接到 U_{CC}，才有 $F_5=\overline{AB}\cdot\overline{CD}$。

图 P3-6(f)：×。电路正确，但给出的逻辑关系不对，应改为 $F_6=\overline{\bar{A}BC}+\overline{A\bar{B}}\bar{C}$。

3-7　图 P3-7 均为 TTL 门电路。

(1) 写出函数 F_1、F_2、F_3、F_4 的逻辑表达式。

(2) 若已知 A、B、C 的波形，分别画出 F_1～F_4 的波形图。

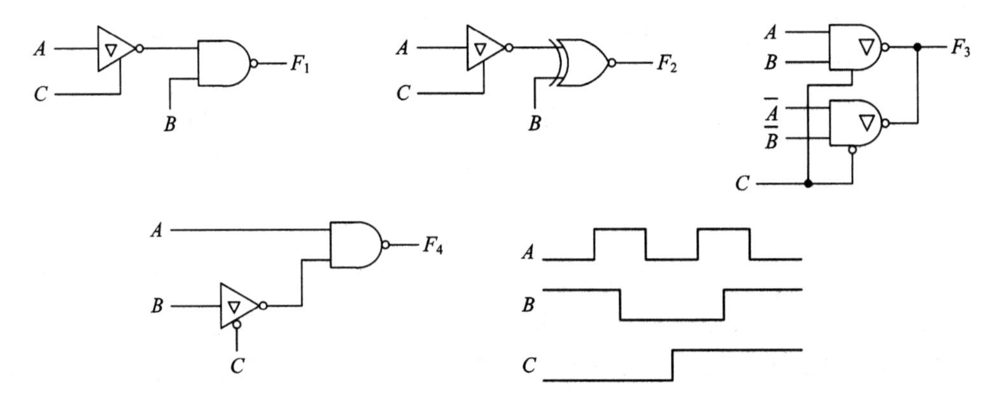

图 P3-7

解　若三态门的输出接到后一级门的输入端，则当三态门输出为高阻时，后一级门的输入端悬空，因此输入相当于逻辑“1”。

(1) ① $C=0$ 时，$F_1=\bar{B}$；$C=1$ 时，$F_1=\overline{\bar{A}B}$。因此

$$F_1=\overline{\bar{A}B}C+\bar{B}\bar{C}$$

② $C=0$ 时，$F_2=B$；$C=1$ 时，$F_2=\overline{\bar{A}\oplus B}=A\oplus B$。因此

$$F_2=(A\oplus B)C+B\bar{C}$$

③ $C=0$ 时，$F_3=\overline{\bar{A}\bar{B}}$；$C=1$ 时，$F_3=\overline{AB}$。因此

$$F_3=(A+B)\bar{C}+\overline{AB}C$$

④ $C=0$ 时，$F_4=\overline{A\bar{B}}$；$C=1$ 时，$F_4=\bar{A}$。因此

$$F_4=\overline{A\bar{B}}\bar{C}+\bar{A}C$$

(2) $F_1 \sim F_4$ 的波形图如图解 3－7 所示。

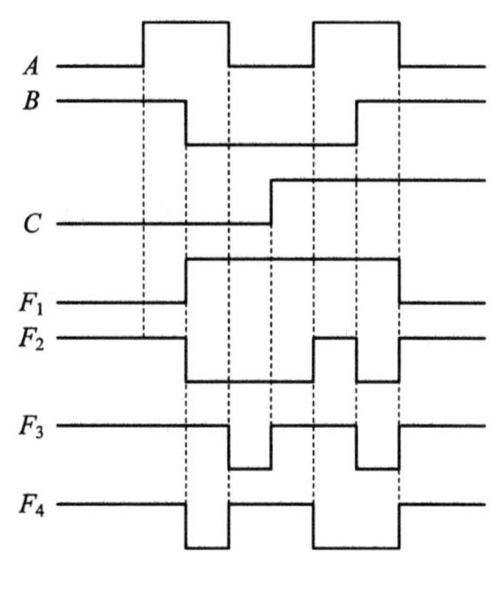

图解 3－7

3－8 试写出图 P3－8 所示电路的逻辑表达式，并用真值表说明这是一个什么逻辑功能部件。

解 分析图 P3－8 电路的工作原理，可得电平真值表如表解 3－8 所示。根据真值表可得到 F 与 A、B 的逻辑关系：

$$F = A \odot B$$

故该电路为同或门。

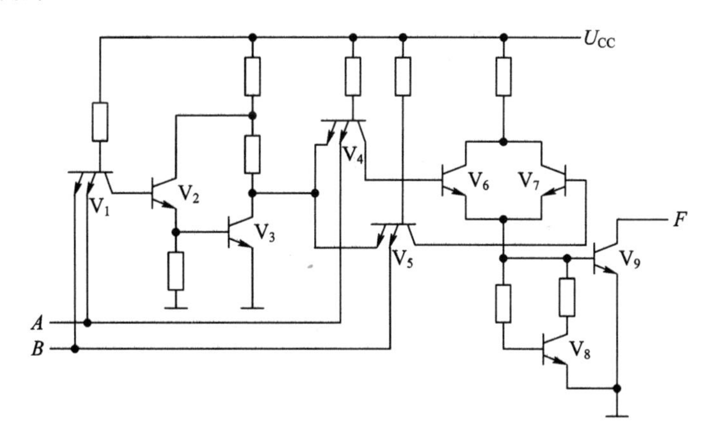

图 P3－8

表解 3－8

A	B	F
L	L	H
L	H	L
H	L	L
H	H	H

3-9　在 CMOS 电路中有时采用图 P3-9(a)～(d)所示的扩展功能用法，试分析各图的逻辑功能，写出 $F_1 \sim F_4$ 的逻辑表达式。已知电源电压 $U_{DD}=10\ V$，二极管的正向导通压降为 0.7 V。

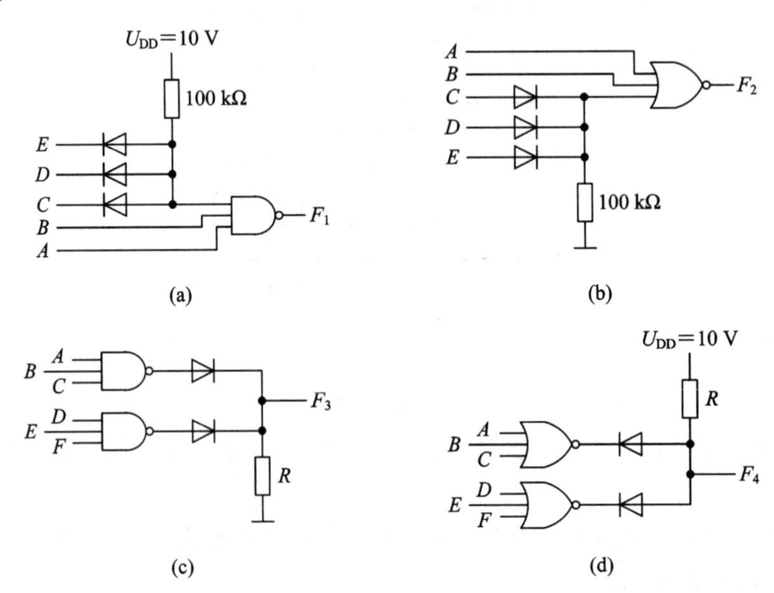

图 P3-9

解　图 P3-9(a)为与非门扩展器，图 P3-9(b)为或非门扩展器，图 P3-9(c)为与非门扩展器，图 P3-9(d)为或非门扩展器，因此有

$$F_1 = \overline{ABCDE}$$

$$F_2 = \overline{A+B+C+D+E}$$

$$F_3 = \overline{ABC \cdot DEF}$$

$$F_4 = \overline{A+B+C+D+E+F}$$

第 4 章　组合逻辑电路

4.1　基本要求、基本概念及重点、难点

1. 基本要求

(1) 深刻理解组合电路的结构特点，熟悉常用组合电路的逻辑功能。
(2) 熟练掌握组合电路的分析方法和设计方法。
(3) 熟悉常用中规模组合逻辑器件的功能及表示方法，掌握典型中规模逻辑器件的应用。
(4) 理解竞争-冒险现象及产生原因，了解其消除方法。

2. 基本概念及重点、难点

1) 组合电路分析与设计步骤

分析组合电路的目的是确定已知电路的逻辑功能。分析的一般过程如图 4－1 所示。

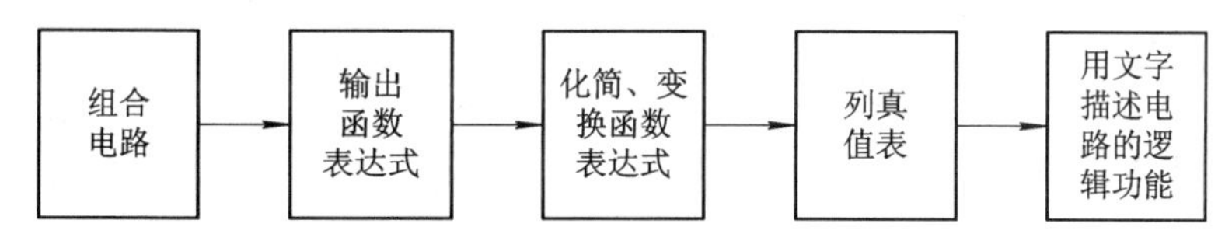

图 4－1

组合电路的设计是根据命题要求和选用的器件，构造出能实现预定功能、经济合理的逻辑电路。组合电路的设计过程如图 4－2 所示。

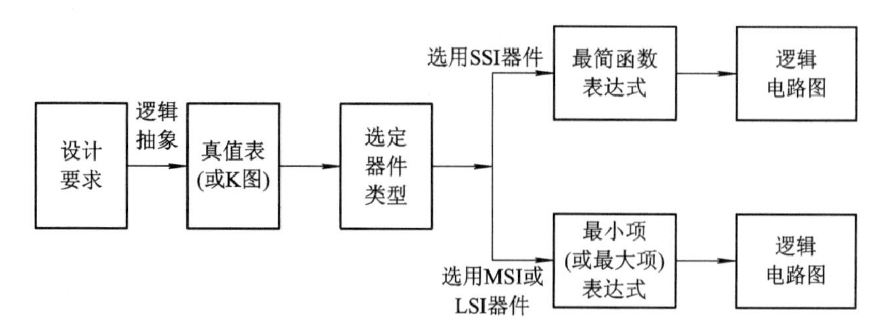

图 4－2

2) 常用 MSI 组合器件的主要特点

常用 MSI 组合器件有编码器、译码器、数据选择器、加法器、数码比较器、码制变换

器、奇偶校验器等。为了正确使用这些器件，应着重掌握它们的逻辑符号、功能表、输出函数表达式及扩展方法。

表 4-1 列出了几种常用 MSI 器件的基本功能及主要应用。

表 4-1 几种常用 MSI 器件

名称	逻辑符号	基本功能	常用器件类型	主要应用
编码器	 m {…} 编码器 {…} n	m 位输入，n 位输出，满足 $m\leqslant 2^n$； 用 n 位二进制代码对 m 个输入信息进行编码	二进制编码器； 二-十进制编码器； 优先编码器	① 键盘输入电路； ② 优先中断系统
变量译码器	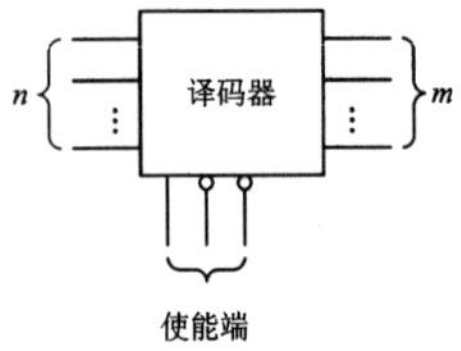 n {…} 译码器 {…} m；使能端	n 位输入，m 位输出，满足 $m\leqslant 2^n$； 对 n 位输入代码进行“翻译”，在 m 个输出中每一次产生一个有效信号； 当使能端有效时，输出表达式为 $\overline{Y_i}=\overline{m_i}=M_i$	二进制译码器（2-4 译码器，3-8 译码器等）； 二-十进制译码器	① 实现多输出组合逻辑函数； ② 地址译码或状态译码； ③ 用作数据分配器
数据选择器	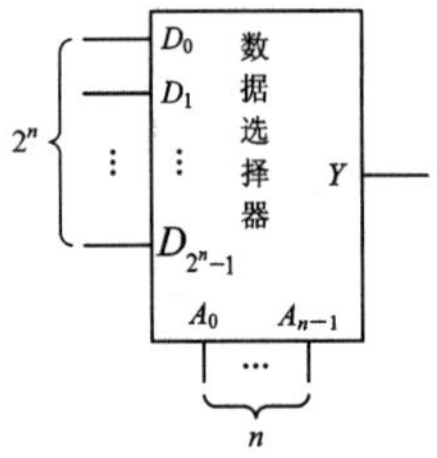 2^n {D_0 D_1 … D_{2^n-1}} 数据选择器 Y；A_0 … A_{n-1} (n)	n 位地址输入，2^n 位数据输入，1 位数据输出； 在地址变量控制下，从多路数据中选择一路输出。输出表达式为 $Y=\sum_{i=0}^{2^n-1} m_i D_i$	2 选 1 MUX； 4 选 1 MUX； 8 选 1 MUX； 16 选 1 MUX	① 实现组合逻辑函数； ② 实现多路数据分时传送或并-串转换； ③ 产生序列信号
数据分配器	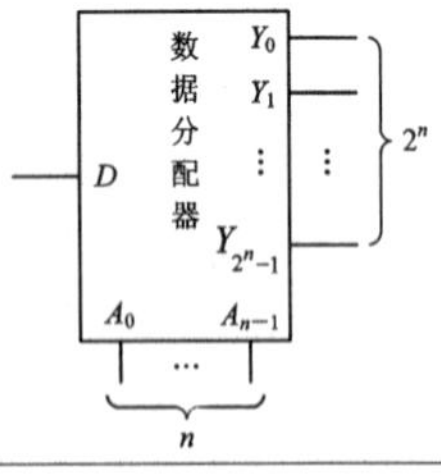 D 数据分配器 {Y_0 Y_1 … Y_{2^n-1}} 2^n；A_0 … A_{n-1} (n)	n 位地址输入，1 位数据输入，2^n 位数据输出； 在地址变量控制下，将单路输入数据分配到多路输出中的某一路	2-4 译码器； 3-8 译码器	① 与数选器配合实现多通道数据分时传送； ② 与计数器配合构成脉冲分配器
加法器	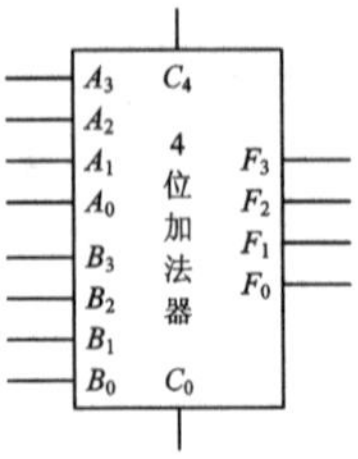 A_3 A_2 A_1 A_0 B_3 B_2 B_1 B_0 C_4 C_0 4位加法器 F_3 F_2 F_1 F_0	实现两个 4 位二进制数相加； C_0 为低位进位输入，C_4 为高位进位输出	四位二进制并行加法器； BCD 码加法器； 两位二进制加法器	① 构成算术运算电路的基本单元，实现各种算术运算 ② 实现代码转换

3）变量译码器和数据选择器的主要区别

（1）变量译码器是多输出组合逻辑电路，每个输出与输入地址变量的关系为

$$\overline{Y_i} = \overline{m_i} = M_i \qquad i = 0, 1, \cdots, 2^n - 1$$

数据选择器是多输入、单输出组合逻辑电路，输出与输入地址及输入数据的关系为

$$Y = \sum_{i=0}^{2^n-1} m_i D_i = (A_{n-1}A_{n-2}\cdots A_0)_m (D_0 D_1 \cdots D_{2^n-1})^{\mathrm{T}}$$

（2）两种器件都可以用来实现组合逻辑函数，但译码器适用于多输出组合电路，数据选择器适用于多输入变量的组合电路。

当逻辑函数的输入变量数多于地址输入端数时，用译码器实现函数可将多余输入变量加至使能端；用数据选择器实现函数则应将多余输入变量反映到数据输入端，即需要用降维 K 图的方法求出各数据输入与多余输入变量的函数关系。

4）竞争-冒险现象及其判断方法

竞争-冒险现象是组合电路工作状态转换过程中经常出现的一种现象，这是由电路中存在的时间延迟引起的。其判断方法有代数法、卡诺图法，消除方法有增加冗余项、加滤波电路或延迟电路、加选通信号等几种方法。

4.2 习题解答

4-1　分析图 P4-1 所示的各组合电路，写出输出函数表达式，列出真值表，说明电路的逻辑功能。

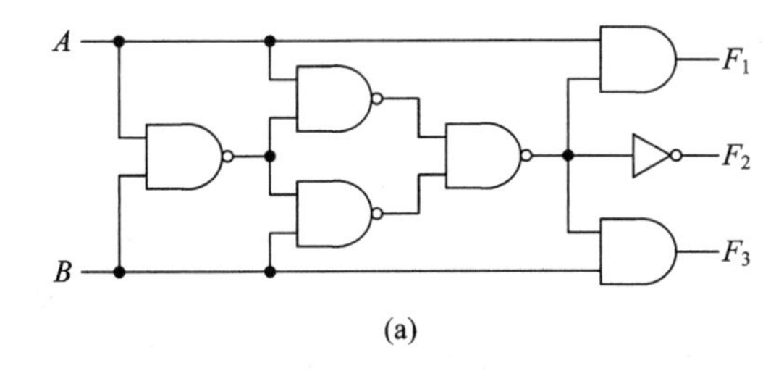

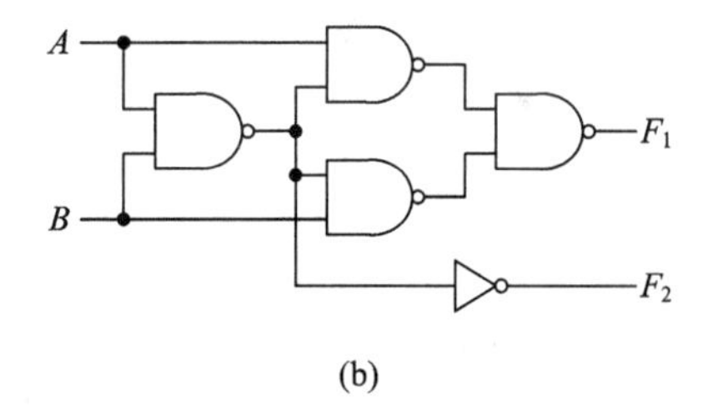

图 P4-1

解　图 P4-1(a)：

$$F_1 = A\overline{B}$$

$$F_2 = A \odot B$$

$$F_3 = \overline{A}B$$

真值表如表解 4-1(a)所示。

功能：一位比较器。当 $A>B$ 时，$F_1=1$；当 $A=B$ 时，$F_2=1$；当 $A<B$ 时，$F_3=1$。

图 P4-1(b)：

$$F_1 = A\overline{B} + \overline{A}B$$

$$F_2 = AB$$

真值表如表解 4-1(b)所示。

功能：一位半加器。A、B 分别为加数、被加数，F_1 为本位和，F_2 为本位向高位的进位。

表解 4 - 1

(a)

A	B	F_1	F_2	F_3
0	0	0	1	0
0	1	0	0	1
1	0	1	0	0
1	1	0	1	0

(b)

A	B	F_1	F_2
0	0	0	0
0	1	1	0
1	0	1	0
1	1	0	1

4 - 2　分析图 P4 - 2 所示的组合电路，写出输出函数表达式，列出真值表，指出该电路完成的逻辑功能。

解　该电路的输出逻辑函数表达式为

$$F=\overline{A}_1\overline{A}_0x_0+\overline{A}_1A_0x_1+A_1\overline{A}_0x_2+A_1A_0x_3$$

其真值表如表解 4 - 2 所示。因此，该电路是一个 4 选 1 数据选择器。

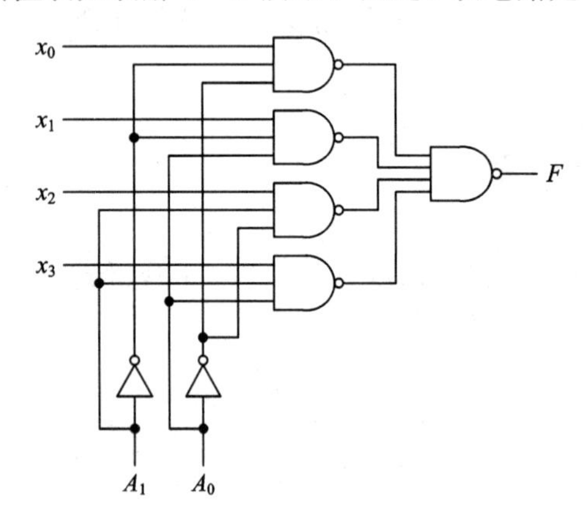

图 P4 - 2

表解 4 - 2

A_1	A_2	F
0	0	x_0
0	1	x_1
1	0	x_2
1	1	x_3

4 - 3　图 P4 - 3 是一个受 M 控制的代码转换电路。当 $M=1$ 时，完成 4 位二进制码至格雷码的转换；当 $M=0$ 时，完成 4 位格雷码至二进制码的转换。试分别写出 Y_0、Y_1、Y_2、Y_3 的逻辑函数表达式，并列出真值表，说明该电路的工作原理。

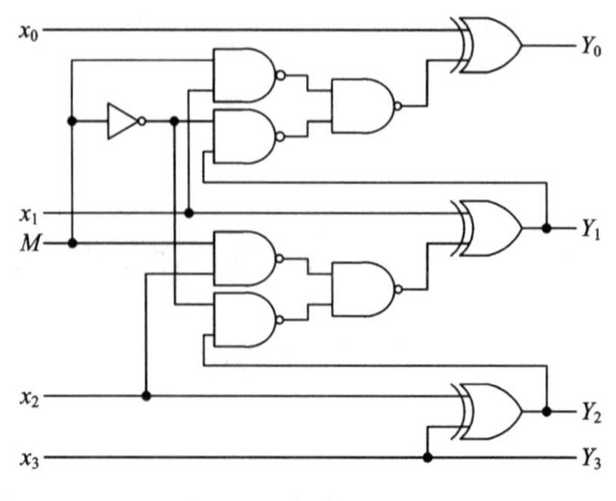

图 P4 - 3

解　该电路的输入为 M、x_3、x_2、x_1、x_0，输出为 Y_3、Y_2、Y_1、Y_0。

(1) 由电路图求得输出函数表达式。

当 $M=1$ 时：

$$\begin{cases} Y_3 = x_3 \\ Y_2 = x_3 \oplus x_2 \\ Y_1 = x_2 \oplus x_1 \\ Y_0 = x_1 \oplus x_0 \end{cases}$$

当 $M=0$ 时：

$$\begin{cases} Y_3 = x_3 \\ Y_2 = x_3 \oplus x_2 \\ Y_1 = Y_2 \oplus x_1 = x_3 \oplus x_2 \oplus x_1 \\ Y_0 = Y_1 \oplus x_0 = x_3 \oplus x_2 \oplus x_1 \oplus x_0 \end{cases}$$

(2) 根据输出函数表达式列出该电路的真值表，如表解 4－3 所示。

表解 4－3

M	$x_3\ x_2\ x_1\ x_0$	$Y_3\ Y_2\ Y_1\ Y_0$	M	$x_3\ x_2\ x_1\ x_0$	$Y_3\ Y_2\ Y_1\ Y_0$
0	0 0 0 0	0 0 0 0	1	0 0 0 0	0 0 0 0
0	0 0 0 1	0 0 0 1	1	0 0 0 1	0 0 0 1
0	0 0 1 1	0 0 1 0	1	0 0 1 0	0 0 1 1
0	0 0 1 0	0 0 1 1	1	0 0 1 1	0 0 1 0
0	0 1 1 0	0 1 0 0	1	0 1 0 0	0 1 1 0
0	0 1 1 1	0 1 0 1	1	0 1 0 1	0 1 1 1
0	0 1 0 1	0 1 1 0	1	0 1 1 0	0 1 0 1
0	0 1 0 0	0 1 1 1	1	0 1 1 1	0 1 0 0
0	1 1 0 0	1 0 0 0	1	1 0 0 0	1 1 0 0
0	1 1 0 1	1 0 0 1	1	1 0 0 1	1 1 0 1
0	1 1 1 1	1 0 1 0	1	1 0 1 0	1 1 1 1
0	1 1 1 0	1 0 1 1	1	1 0 1 1	1 1 1 0
0	1 0 1 0	1 1 0 0	1	1 1 0 0	1 0 1 0
0	1 0 1 1	1 1 0 1	1	1 1 0 1	1 0 1 1
0	1 0 0 1	1 1 1 0	1	1 1 1 0	1 0 0 1
0	1 0 0 0	1 1 1 1	1	1 1 1 1	1 0 0 0

(3) 由表解 4－3 所示的真值表可以看出，当 $M=0$ 时，该电路完成 Gray 码至二进制码的转换；当 $M=1$ 时，该电路完成二进制码至 Gray 码的转换。

4－4　图 P4－4 是一个多功能逻辑运算电路，图中 S_3、S_2、S_1、S_0 为控制输入端。试列表说明该电路在 S_3、S_2、S_1、S_0 的各种取值组合下 F 与 A、B 的逻辑关系。

解　(1) 该电路是一个 6 变量逻辑函数，其中 A、B 为输入变量，S_3、S_2、S_1、S_0 为控制输入变量。根据电路图写出输出函数表达式为

$$F = (S_3AB + S_2A\overline{B}) \oplus (S_1\overline{B} + S_0B + A)$$

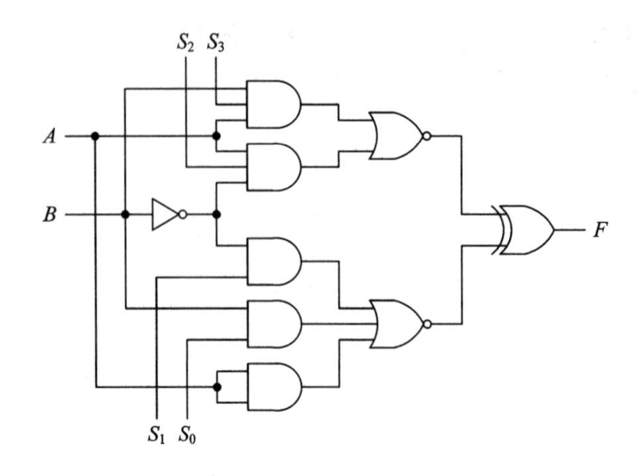

图 P4－4

（2）根据输出函数表达式，列出 $F=f(S_3, S_2, S_1, S_0, A, B)$ 的功能表如表解 4－4 所示。

表解 4－4

S_3	S_2	S_1	S_0	F	S_3	S_2	S_1	S_0	F
0	0	0	0	A	1	0	0	0	$A\bar{B}$
0	0	0	1	$A+B$	1	0	0	1	$A\oplus B$
0	0	1	0	$A+\bar{B}$	1	0	1	0	$\bar{B}$
0	0	1	1	1	1	0	1	1	$\overline{AB}$
0	1	0	0	AB	1	1	0	0	0
0	1	0	1	B	1	1	0	1	$\bar{A}B$
0	1	1	0	$A\odot B$	1	1	1	0	$\overline{A+B}$
0	1	1	1	$\bar{A}+B$	1	1	1	1	$\bar{A}$

（3）分析电路功能。从表解 4－4 中可以看出，当 $S_3 \sim S_0$ 变化时，F 与变量 A、B 有不同的函数关系。因 A、B 两个变量可产生 4 个最小项，最多能构成 2^4 种不同的输出函数，因此，该电路是一个能产生 16 种函数的多功能逻辑电路。

4－5　已知某组合电路的输出波形如图 P4－5 所示，试用最少的或非门实现之。

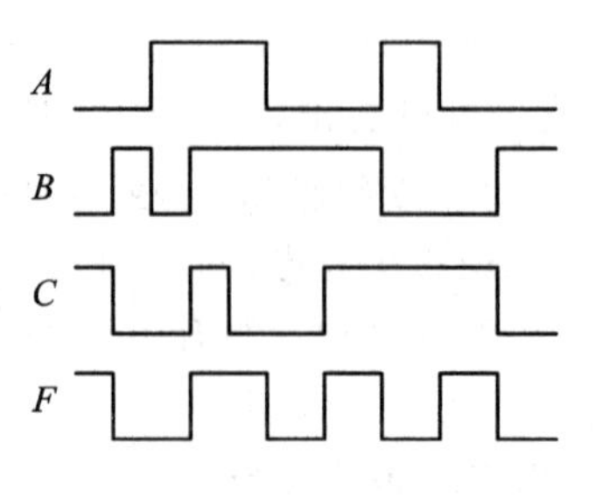

图 P4－5

解　由波形图可写出电路的输出函数表达式，化简后得出最简或非-或非式：

$$F(A, B, C) = \sum m(1, 3, 6, 7) + \sum d(0) = \overline{\overline{(A+C)} + \overline{(\overline{A}+B)}}$$

逻辑电路如图解 4－5 所示。

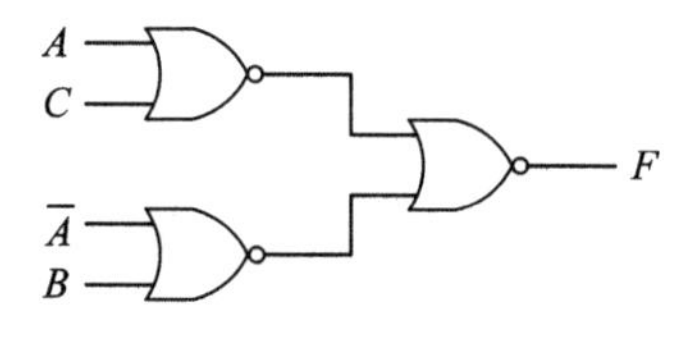

图解 P4－5

4－6　用逻辑门设计一个受光、声和触摸控制的电灯开关逻辑电路，分别用 A、B、C 表示光、声和触摸信号，用 F 表示电灯。灯亮的条件是：无论有无光、声信号，只要有人触摸开关，灯就亮；当无人触摸开关时，只有当无光、有声音时灯才亮。试列出真值表，写出输出函数表达式，并画出最简逻辑电路图。

解　(1) 根据题意列真值表，如表解 4－6 所示。

(2) 根据真值表求得最简输出逻辑函数表达式：

$$F = \sum m(1, 2, 3, 5, 7) = \overline{A}B + C$$

(3) 逻辑电路图如图解 4－6 所示。

表解 4－6

A	B	C	F
0	0	0	0
0	0	1	1
0	1	0	1
0	1	1	1
1	0	0	0
1	0	1	1
1	1	0	0
1	1	1	1

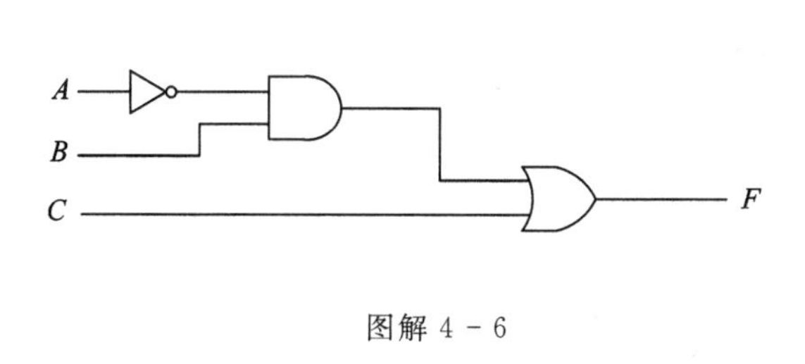

图解 4－6

4－7　用逻辑门设计一个多输出逻辑电路，其输入为 8421 BCD 码，输出为 3 个检测信号，要求：

(1) 当检测到输入数字能被 4 整除时，$F_1=1$。

(2) 当检测到输入数字大于或等于 3 时，$F_2=1$。

(3) 当检测到输入数字小于 7 时，$F_3=1$。

解　(1) 根据题意列真值表，如表解 4－7 所示。

(2) 求出 F_1、F_2、F_3 的最简与或式(或最简或与式)：

$$F_1(ABCD) = \overline{C}\,\overline{D}$$

$$F_2(ABCD) = A + B + CD = (A+B+C)(A+B+D)$$

$$F_3(ABCD) = \overline{A}\,\overline{C} + \overline{A}\,\overline{B} + \overline{C}\,\overline{D} = \overline{A}\,\overline{B} + B\overline{C} + B\overline{D} = \overline{A}(\overline{B}+\overline{C}+\overline{D})$$

(3) 选用最少的与非门(或非门)实现电路(电路图略)。

表解 4-7

A	B	C	D	F_1	F_2	F_3
0	0	0	0	1	0	1
0	0	0	1	0	0	1
0	0	1	0	0	0	1
0	0	1	1	0	1	1
0	1	0	0	1	1	1
0	1	0	1	0	1	1
0	1	1	0	0	1	1
0	1	1	1	0	1	0
1	0	0	0	1	1	0
1	0	0	1	0	1	0
1	0	1	0	×	×	×
1	0	1	1	×	×	×
1	1	0	0	×	×	×
1	1	0	1	×	×	×
1	1	1	0	×	×	×
1	1	1	1	×	×	×

4-8 用逻辑门设计一个两位二进制数的乘法器。

解 (1) 设 A_1A_0、B_1B_0 分别为乘数、被乘数，$P_3P_2P_1P_0$ 为乘积。真值表如表解 4-8 所示。

表解 4-8

A_1	A_0	B_1	B_0	P_3	P_2	P_1	P_0
0	0	0	0	0	0	0	0
0	0	0	1	0	0	0	0
0	0	1	0	0	0	0	0
0	0	1	1	0	0	0	0
0	1	0	0	0	0	0	0
0	1	0	1	0	0	0	1
0	1	1	0	0	0	1	0
0	1	1	1	0	0	1	1
1	0	0	0	0	0	0	0
1	0	0	1	0	0	1	0
1	0	1	0	0	1	0	0
1	0	1	1	0	1	1	0
1	1	0	0	0	0	0	0
1	1	0	1	0	0	1	1
1	1	1	0	0	1	1	0
1	1	1	1	1	0	0	1

(2) 最简输出函数表达式为

$$P_3 = A_1A_0B_1B_0$$

$$P_2 = A_1\overline{A}_0B_1 + A_1B_1\overline{B}_0 = A_1B_1\,\overline{A_0B_0}$$

$$P_1 = A_1\bar{B}_1B_0 + A_1B_0\bar{A}_0 + \bar{A}_1A_0B_1 + A_0B_1\bar{B}_0$$
$$= A_1B_0\,\overline{A_0B_1} + A_0B_1\,\overline{A_1B_0}$$
$$= A_1B_0 \oplus A_0B_1$$
$$P_0 = A_0B_0$$

(3) 逻辑电路如图解 4-8 所示。

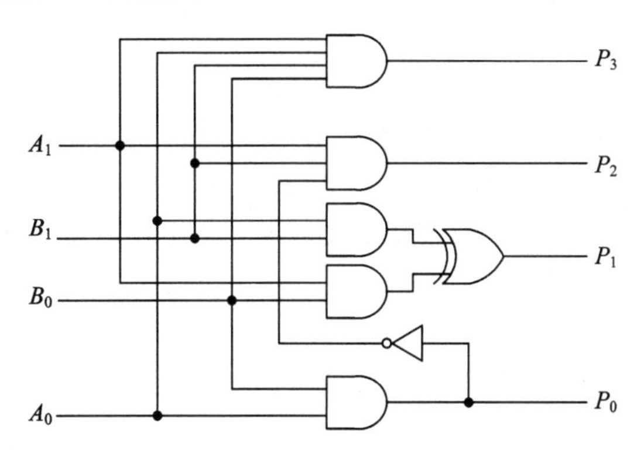

图解 4-8

4-9　设计一个全加(减)器，其输入为 A、B、C 和 X(当 $X=0$ 时，实现加法运算；当 $X=1$ 时，实现减法运算)，输出为 S(表示和或差)、P(表示进位或借位)。列出真值表，试用 3 个异或门和 3 个与非门实现该电路，画出逻辑电路图。

解　(1) 根据题意列真值表，如表解 4-9 所示。

表解 4-9

X	A	B	C	S	P
0	0	0	0	0	0
0	0	0	1	1	0
0	0	1	0	1	0
0	0	1	1	0	1
0	1	0	0	1	0
0	1	0	1	0	1
0	1	1	0	0	1
0	1	1	1	1	1
1	0	0	0	0	0
1	0	0	1	1	1
1	0	1	0	1	1
1	0	1	1	0	1
1	1	0	0	1	0
1	1	0	1	0	0
1	1	1	0	0	0
1	1	1	1	1	1

(2) 由真值表填卡诺图，求得输出函数表达式为

$$S = A \oplus B \oplus C$$

$$P = (X \oplus A)(B \oplus C) + BC = \overline{\overline{(X \oplus A)(B \oplus C)} \cdot \overline{BC}}$$

(3) 逻辑电路如图解 4-9 所示。

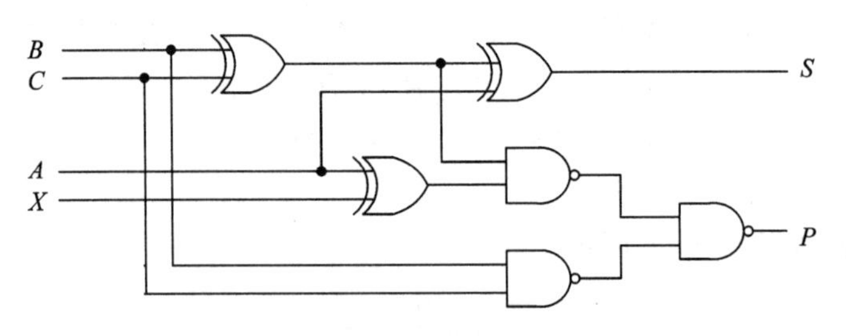

图解 4-9

4-10　设计一个交通灯故障检测电路，要求红、黄、绿 3 个灯仅有一个灯亮时，输出 $F=0$；若无灯亮或有两个以上的灯亮，则均为故障，输出 $F=1$。试用最少的非门和与非门实现该电路。要求列出真值表，化简逻辑函数，并指出所用 74 系列器件的型号。

解　(1) 设红、黄、绿 3 个灯为 A、B、C，真值表如表解 4-10 所示。

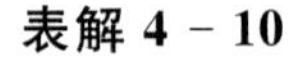
表解 4-10

A	B	C	F
0	0	0	1
0	0	1	0
0	1	0	0
0	1	1	1
1	0	0	0
1	0	1	1
1	1	0	1
1	1	1	1

(2) 化简逻辑函数，求出最简与或式或最简或与式：

$$F=AB+AC+BC+\overline{A}\,\overline{B}\,\overline{C}$$
$$=(A+B+\overline{C})(A+\overline{B}+C)(\overline{A}+B+C)$$

若将以上最简或与式变换为

$$F=\overline{\overline{A}\,\overline{B}C}\cdot\overline{\overline{A}B\overline{C}}\cdot\overline{A\overline{B}\,\overline{C}}$$

则需要 4 个非门和 4 个与非门，即用一片 7404(六反相器)和两片 7410(3-3 输入与非门)就可以实现电路。

(3) 逻辑电路如图解 4-10 所示。

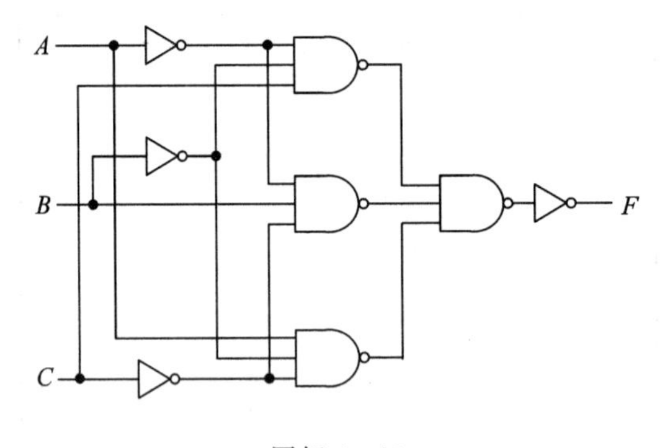

图解 4-10

4-11　试用两片 8 线-3 线优先编码器 74LS148 组成 16 线-4 线优先编码器，画出逻辑电路图，说明其逻辑功能。

解　用两片 8 线-3 线优先编码器组成的 16 线-4 线优先编码器电路如图解 4-11 所示。

16 线-4 线优先编码器的 16 个信号输入 $\overline{A}_{15}\sim\overline{A}_0$ 分别接到 74LS148(2)(高位片)和 74LS148(1)(低位片)的输入端。高位片(2)的使能输入 $\overline{S}$ 作为 16 线-4 线的使能输入 $\overline{S}'$，低位片(1)的选通输出 $\overline{Y}_s$ 作为 16 线-4 线的选通输出 $\overline{Y}_s'$。两片 $\overline{Y}_{EX}$ 相与后作为 16 线-4 线的扩展端。高位片(2)的 $\overline{Y}_{EX}$ 作为 16 线-4 线输出的最高位 $\overline{Z}_3$，16 线-4 线的低 3 位分别为两片相应输出的逻辑与。

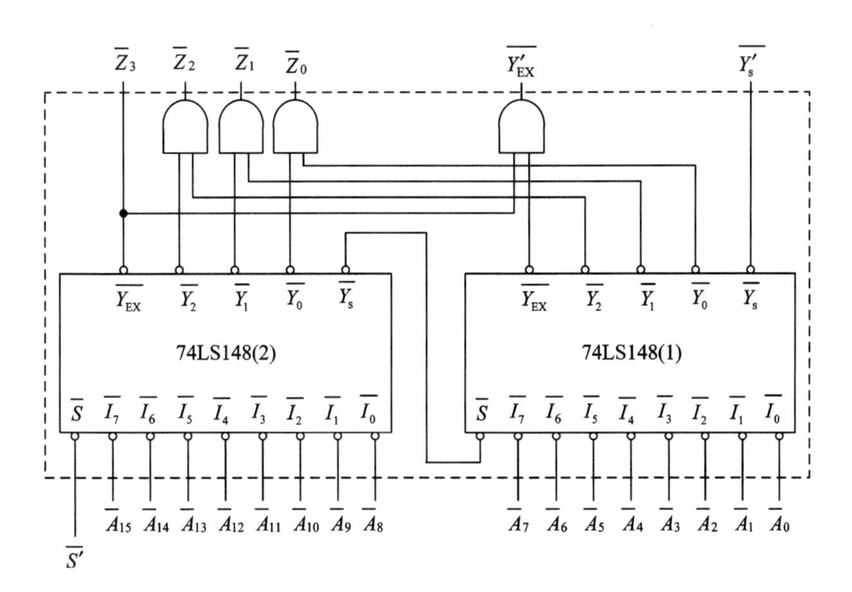

图解 4-11

当 $\overline{S}'=1$ 时，高位片(2)处于禁止状态，片(2)的 $\overline{Y}_s=1$，使低位片(1)也处于禁止状态，所有输出均为无效高电平 1。

当 $\overline{S}'=0$ 时，高位片(2)被选通，此时有两种情况：

① 如果高位片(2)的输入 $\overline{A}_{15}\sim\overline{A}_8$ 中有有效电平 0，则其 $\overline{Y}_{EX}$端输出 0，$\overline{Y}_s$ 端输出 1，禁止低位片(1)工作，低位片输出全为 1。此时 16 线-4 线的输出 $\overline{Z}_3\sim\overline{Z}_0$ 等于高位片(2) $\overline{Y}_{EX}$、$\overline{Y}_2$、$\overline{Y}_1$、$\overline{Y}_0$ 端的输出，其输出的反码范围为 0000～0111，对应十进制数 15～8。例如，若 $\overline{A}_{10}=0$，则高位片(2)的 $\overline{Y}_2\overline{Y}_1\overline{Y}_0=101$，$\overline{Y}_{EX}=0$，16 线-4 线的输出 $\overline{Z}_3\overline{Z}_2\overline{Z}_1\overline{Z}_0=0101$(即 1010 的反码)。

② 如果 $\overline{A}_{15}\sim\overline{A}_8$ 全为高电平，则高位片(2)的 $\overline{Y}_{EX}=1$，$\overline{Y}_s=0$，选通低位片(1)工作。此时 $\overline{Z}_3\overline{Z}_2\overline{Z}_1\overline{Z}_0$ 的输出取决于低位片 $\overline{Y}_2\overline{Y}_1\overline{Y}_0$ 的输出，其输出的反码范围为 1000～1111，对应十进制数 7～0。

综上所述，用两片 8 线-3 线优先编码器扩展连接后，可实现 16 线-4 线优先编码器的逻辑功能。16 线-4 线的选通输出 $\overline{Y}'_s$和扩展端 $\overline{Y}'_{EX}$ 可以用来实现再扩展。当 $\overline{A}_{15}\sim\overline{A}_0$ 有低电平 0 输入时，$\overline{Y}'_{EX}=0$，$\overline{Y}'_s=1$，表示 16 线-4 线处于工作状态，$\overline{Y}'_s=1$ 可用来禁止更低位片工作；当 $\overline{A}_{15}\sim\overline{A}_0$ 全为高时，$\overline{Y}'_{EX}=1$，$\overline{Y}'_s=0$，表示输入不在本级工作范围，可以用 $\overline{Y}'_s=0$ 选通更低位片工作。

4-12 (1) 图 P4-12 为 3 个单译码逻辑门译码器，指出每个译码器的输出有效电平以及相应的输出二进制码，写出译码器的输出函数表达式。

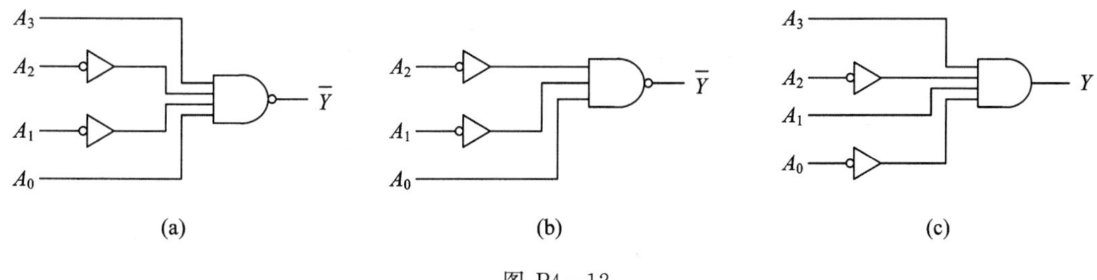

图 P4-12

(2) 试画出与下列表达式对应的单译码器逻辑电路图。

① $\overline{Y}=\overline{\overline{A}_3A_2\overline{A}_1A_0}$ ② $Y=A_3\overline{A}_2A_1\overline{A}_0$ ③ $\overline{Y}=\overline{\overline{A}_4A_3\overline{A}_2\overline{A}_1A_0}$

解 (1) 图 P4－12(a)：

$$\overline{Y}=\overline{A_3\overline{A}_2\overline{A}_1A_0}$$

图 P4－12(b)：

$$\overline{Y}=\overline{\overline{A}_2\overline{A}_1A_0}$$

图 P4－12(c)：

$$Y=A_3\overline{A}_2A_1\overline{A}_0$$

(2) 单译码电路分别如图解 4－12(a)、(b)、(c)所示。

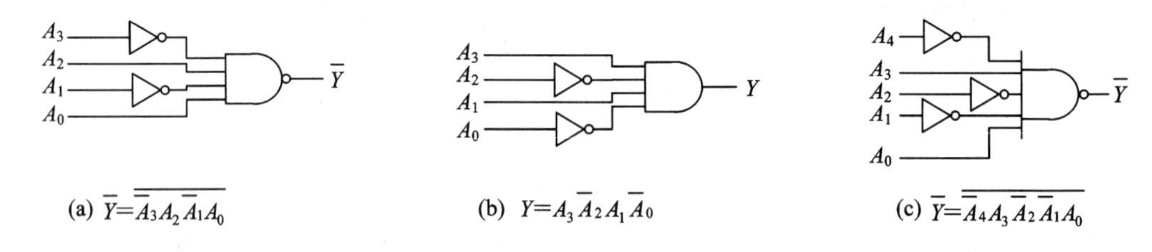

图解 4－12

4－13 试用一片 3－8 译码器和少量逻辑门设计下列多地址输入的译码电路。

(1) 有 8 根地址输入线 $A_7\sim A_0$，要求当地址码为 A8H、A9H、…、AFH 时，译码器输出 $\overline{Y}_0\sim\overline{Y}_7$ 分别被译中，且低电平有效。

(2) 有 10 根地址输入线 $A_9\sim A_0$，要求当地址码为 2E0H、2E1H、…、2E7H 时，译码器输出 $\overline{Y}_0\sim\overline{Y}_7$ 分别被译中，且低电平有效。

解 (1) 地址码的变化范围为 A8H～AFH，即 $A_7\sim A_0$ 的变化范围是 10101000～10101111，其中 $A_7A_6A_5A_4A_3=10101$ 不变，$A_2A_1A_0$ 从 000 到 111 变化，因此该电路可以用不变的地址输入控制 3－8 译码器的使能端，只有当 $A_7\sim A_3=10101$ 时，$E_1\overline{E}_2\overline{E}_3=100$，使能端才有效，当 $A_7\sim A_3$ 为其他值时，使能端无效。这样便可实现该题的要求，电路如图解 4－13(a)所示。

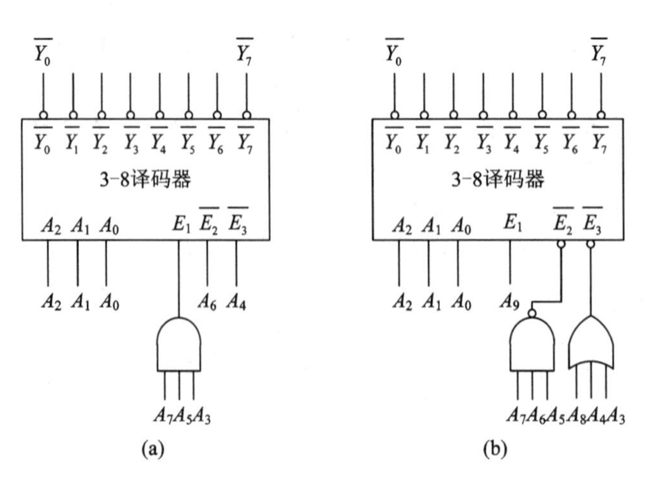

图解 4－13

(2) 地址码变化范围为 2E0H～2E7H，即 $A_9 \sim A_0$ 的变化范围是 1011100000～1011100111，其中 $A_9 \sim A_3 = 1011100$ 不变，$A_2A_1A_0$ 从 000 到 111 变化，因此该电路可以用 $A_9 \sim A_3$ 控制译码器的使能端，只有当 $A_9 \sim A_3 = 1011100$ 时使能端才有效，为其他值时使能端无效。这样便可实现该题的要求，电路如图解 4-13(b)所示。

4-14　试用一片 3-8 译码器 74LS138 和少量逻辑门实现下列多输出函数：

(1)　$F_1 = AB + \overline{A}\overline{B}\overline{C}$

(2)　$F_2 = A + B + \overline{C}$

(3)　$F_3 = \overline{A}B + A\overline{B}$

解　$F_1 = \sum m(0, 6, 7) = \overline{\overline{Y}_0\overline{Y}_6\overline{Y}_7}$

$F_2 = \sum m(0, 2 \sim 7) = M_1 = \overline{Y}_1$

$F_3 = \sum m(2, 3, 4, 5) = \overline{\overline{Y}_2\overline{Y}_3\overline{Y}_4\overline{Y}_5}$

电路如图解 4-14 所示。

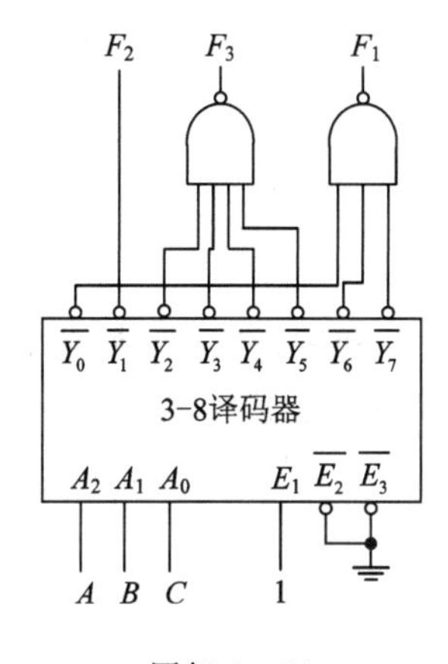

图解 4-14

4-15　某组合电路的输入 X 和输出 Y 均为 3 位二进制数。当 $X<2$ 时，$Y=1$；当 $2 \leqslant X \leqslant 5$ 时，$Y=X+2$；当 $X>5$ 时，$Y=0$。试用一片 3-8 译码器和少量逻辑门实现该电路。

解　(1) 列真值表，如表解 4-15 所示。输入为 $X_2X_1X_0$，输出为 $Y_2Y_1Y_0$。

表解 4-15

X_2	X_1	X_0	Y_2	Y_1	Y_0
0	0	0	0	0	1
0	0	1	0	0	1
0	1	0	1	0	0
0	1	1	1	0	1
1	0	0	1	1	0
1	0	1	1	1	1
1	1	0	0	0	0
1	1	1	0	0	0

（2）由真值表写出输出函数表达式。根据 $\overline{m_i}=\overline{Y}_i$ 可得出：

$$Y_2=\sum m(2,3,4,5)=\overline{\overline{Y}_2\overline{Y}_3\overline{Y}_4\overline{Y}_5}$$

$$Y_1=\sum m(4,5)=\overline{\overline{Y}_4\overline{Y}_5}$$

$$Y_0=\sum m(0,1,3,5)=\overline{\overline{Y}_0\overline{Y}_1\overline{Y}_3\overline{Y}_5}$$

（3）逻辑电路如图解 4－15 所示。

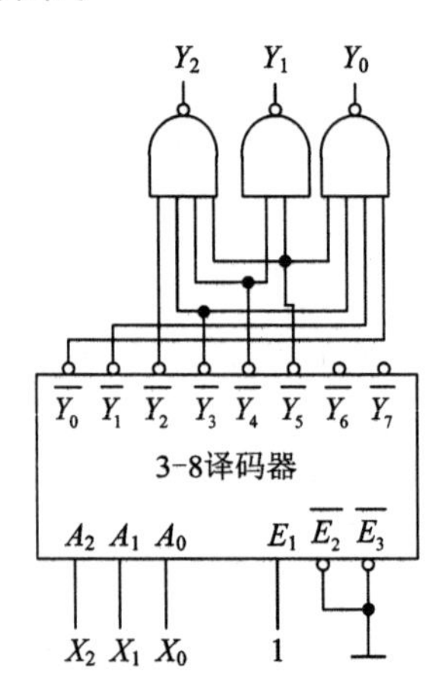

图解 4－15

4－16　由 3－8 译码器 74LS138 和逻辑门构成的组合逻辑电路如图 P4－16 所示。

（1）试分别写出 F_1、F_2 的最简或与表达式。

（2）试说明当输入变量 A、B、C、D 为何种取值时，$F_1=F_2=1$。

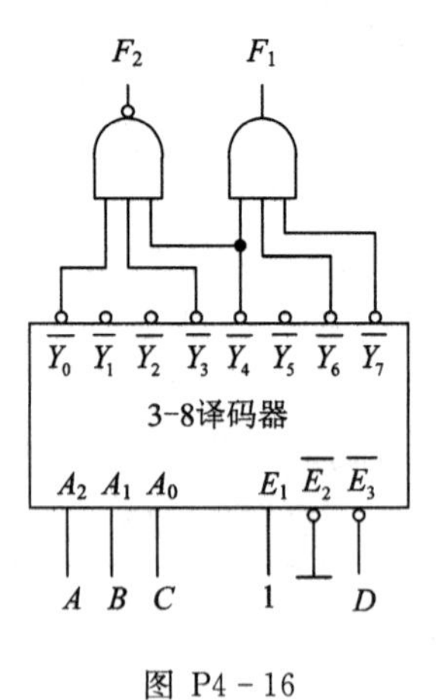

图 P4－16

解　（1）F_1、F_2 均为输入变量 A、B、C、D 的函数，$D=1$ 时译码器不工作，$\overline{Y}_7\sim\overline{Y}_0$ 全为 1；$D=0$ 时译码器工作，F_1、F_2 跟随 A、B、C 变化。因此可写成：

当 $D=1$ 时：

$$\begin{cases}F_1=1\\F_2=0\end{cases}$$

当 $D=0$ 时：

$$\begin{cases} F_1(A,B,C) = \overline{m_4} \cdot \overline{m_6} \cdot \overline{m_7} = (\overline{A}+B+C)(\overline{A}+\overline{B}+C)(\overline{A}+\overline{B}+\overline{C}) \\ F_2(A,B,C) = m_0 + m_3 + m_4 = \overline{A}\overline{B}\overline{C} + \overline{A}BC + A\overline{B}\overline{C} \end{cases}$$

将 F_1、F_2 分别填入四变量的卡诺图后求出最简或与式为

$$F_1(A, B, C, D) = \prod M(8, 12, 14)$$

$$= (\overline{A}+\overline{B}+D)(\overline{A}+C+D)$$

$$F_2(A, B, C, D) = \sum m(0, 6, 8)$$

$$= \overline{D}(\overline{B}+C)(B+\overline{C})(\overline{A}+\overline{B})(\text{或 }\overline{A}+\overline{C})$$

(2) 当 $ABCD$=0000 或 0110 时：

$$F_1 = F_2 = 1$$

4-17　已知逻辑函数 $F(a, b, c, d) = \sum m(1, 3, 7, 9, 15)$，试用一片 3-8 译码器 74LS138 和少量逻辑门实现该电路。

解　画出 F 的卡诺图，如图解 4-17(a)所示。

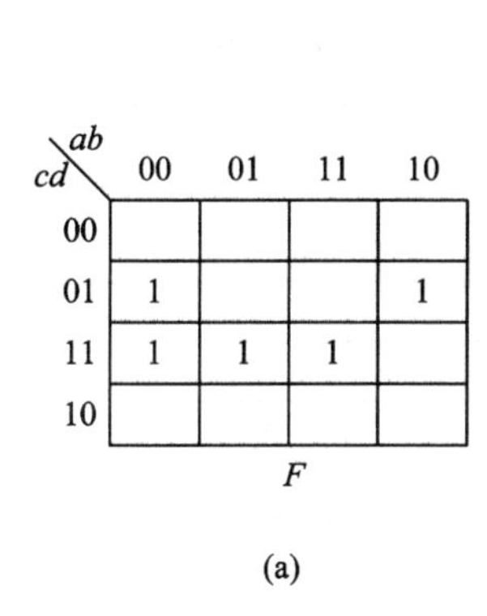

(a)

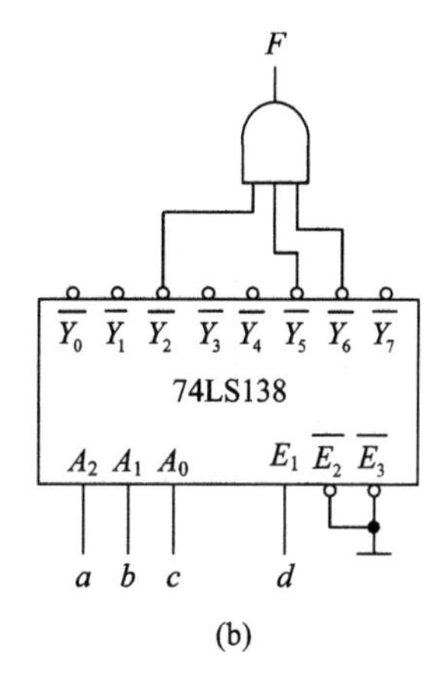

(b)

图解 4-17

从卡诺图中可以看出：

当 d=0 时：

$$F = 0$$

当 d=1 时：

$$F(a, b, c) = \sum m(0, 1, 3, 4, 7) = \prod M(2, 5, 6)$$

因此可用 d 变量控制 74LS138 的使能输入端 E_1，并采用与门实现输出，整个逻辑电路如图解 4-17(b)所示。图中，$A_2A_1A_0 = abc$，$E_1 = d$，则

$$F = d \cdot \overline{Y}_2 \cdot \overline{Y}_5 \cdot \overline{Y}_6 = d(a+\overline{b}+c)(\overline{a}+b+\overline{c})(\overline{a}+\overline{b}+c)$$

4-18　用 3-8 译码器构成的脉冲分配器电路如图 P4-18(a)所示，输入波形如图 P4-18(b)所示。

(1) 若 CP 脉冲信号加在 $\overline{E}_3$ 端，试画出 $\overline{Y}_0 \sim \overline{Y}_7$ 的波形。

(2) 若 CP 脉冲信号加在 E_1 端，试画出 $\overline{Y}_0 \sim \overline{Y}_7$ 的波形。

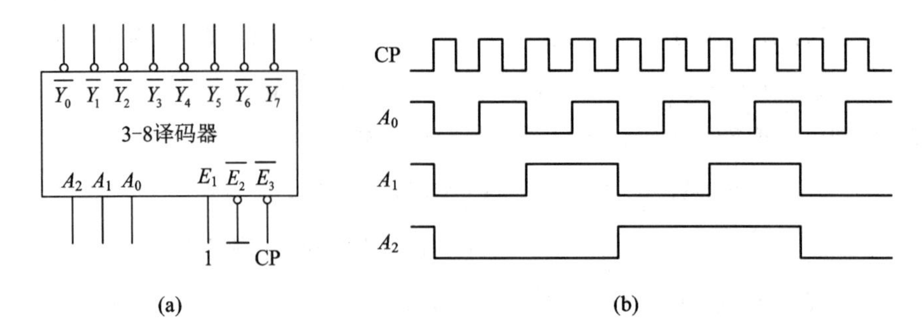

图 P4-18

解 (1) 因 CP 加在 $\overline{E}_3$ 端，所以 CP=1 时 $\overline{Y}_i=1$，CP=0 时 $\overline{Y}_0 \sim \overline{Y}_7$ 按 $A_2A_1A_0$ 的变化分别译码。波形如图解 4-18(a)所示。

(2) 若 CP 加在 E_1 端，则只有当 CP=1 时 $\overline{Y}_0 \sim \overline{Y}_7$ 按 $A_2A_1A_0$ 的变化分别译码，CP=0 时 $\overline{Y}_i=1$。波形如图解 4-18(b)所示。

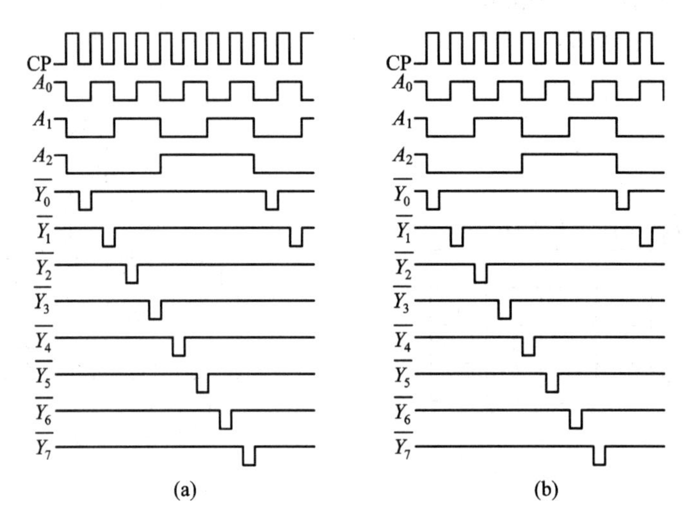

图解 4-18

4-19 试用 3 片 3-8 译码器组成一个 5-24 译码器。

解 5-24 译码器如图解 4-19 所示。图中，$A_4A_3A_2A_1A_0$ 为地址输入，$\overline{Y_0}\,\overline{Y_1}\cdots\overline{Y_{23}}$ 为译码输出。

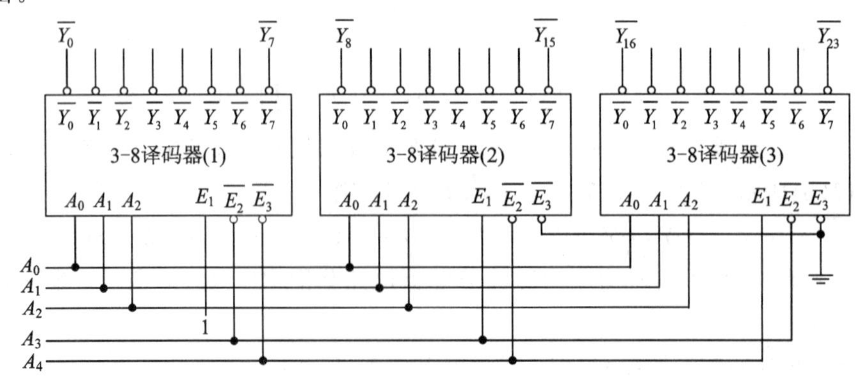

图解 4-19

当 $A_4A_3=00$ 时，片(1)工作；当 $A_4A_3=01$ 时，片(2)工作；当 $A_4A_3=10$ 时，片(3)工作；当 $A_4A_3=11$ 时，片(1)、(2)、(3)均禁止。

4-20　用一片BCD码十进制译码器和附加门实现8421 BCD码至余3码的转换电路。

解　设8421 BCD码输入为 $D_8D_4D_2D_1$，余3码输出为 $E_3E_2E_1E_0$，根据真值表(参见教材表1.3.1)可写出输出函数表达式：

$$E_3=\sum m(5,6,7,8,9)=\overline{\overline{Y}_5\overline{Y}_6\overline{Y}_7\overline{Y}_8\overline{Y}_9}$$

$$E_2=\sum m(1,2,3,4,9)=\overline{\overline{Y}_1\overline{Y}_2\overline{Y}_3\overline{Y}_4\overline{Y}_9}$$

$$E_1=\sum m(0,3,4,7,8)=\overline{\overline{Y}_0\overline{Y}_3\overline{Y}_4\overline{Y}_7\overline{Y}_8}$$

$$E_0=\sum m(0,2,4,6,8)=\overline{\overline{Y}_0\overline{Y}_2\overline{Y}_4\overline{Y}_6\overline{Y}_8}$$

逻辑电路如图解4-20所示。

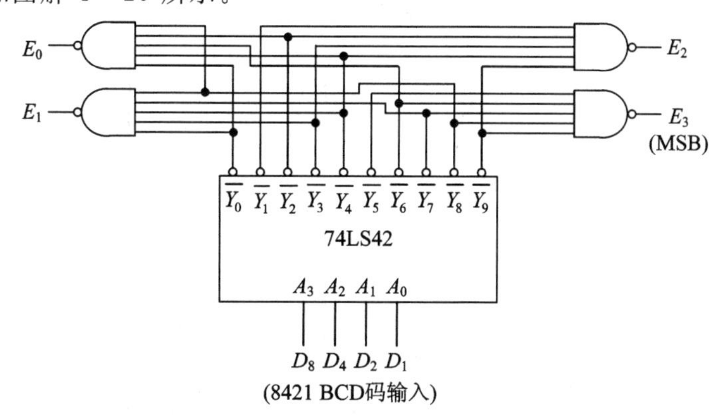

图解 4-20

4-21　试用一片4-16译码器组成一个5421 BCD码十进制数译码器。

解　根据4位二进制码和5421 BCD码的对应关系，可得电路如图解4-21所示。

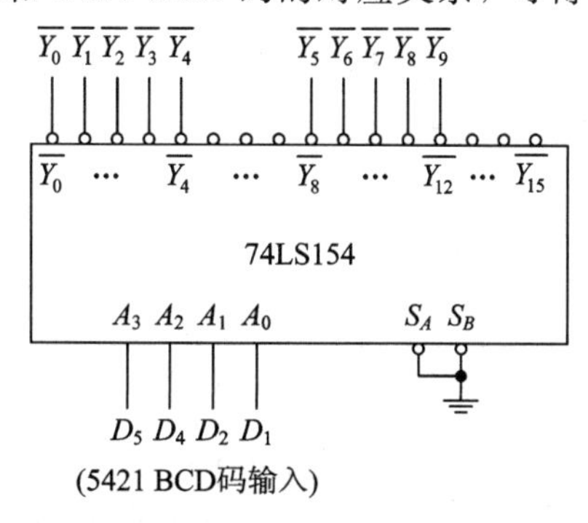

图解 4-21

4-22　试用8选1数据选择器74LS151实现下列逻辑函数(允许反变量输入，但不能附加门电路)：

(1) $F=A\oplus B\oplus AC\oplus BC$

(2) $F(A,B,C,D)=\sum m(0,4,5,8,12,13,14)$

(3) $F(A,B,C,D)=\sum m(0,3,5,8,11,14)+\sum d(1,6,12,13)$

解 (1) $F=\sum m(2,4)=(ABC)_m(0,0,1,0,1,0,0,0)^{\mathrm{T}}$

(2) $F=(ACD)_m(1,B,0,0,1,B,B,0)^{\mathrm{T}}$

$=(BCD)_m(1,0,0,0,1,1,A,0)^{\mathrm{T}}$

$=(ABC)_m(\overline{D},0,1,0,\overline{D},0,1,\overline{D})^{\mathrm{T}}$

(3) $F=(ACD)_m(\overline{B},1,0,\overline{B},1,0,B,\overline{B})^{\mathrm{T}}$

$=(BCD)_m(1,0,0,1,0,1,1,0)^{\mathrm{T}}$

$=(ABC)_m(1,D,D,0,\overline{D},D,0,\overline{D})^{\mathrm{T}}$

4-23 试用16选1数据选择器和一个异或门实现一个8用逻辑电路，其功能要求如表P4-23所示。

表 P4-23

S_2	S_1	S_0	F
0	0	0	0
0	0	1	$A+B$
0	1	0	$\overline{AB}$
0	1	1	$A\oplus B$
1	0	0	1
1	0	1	$\overline{A+B}$
1	1	0	AB
1	1	1	$A\odot B$

解 从真值表可看出，$F=f(S_2, S_1, S_0, A, B)$，为5变量函数，本题有两种解法：

方法(1)：用16选1 MUX实现F。令MUX的地址输入$A_3A_2A_1A_0=AS_2S_1S_0$，B变量从MUX数据端输入，则

$$F=Y=(AS_2S_1S_0)_m(0,B,1,B,1,\overline{B},0,\overline{B},0,1,\overline{B},\overline{B},1,0,B,B)^{\mathrm{T}}$$

用异或门产生$\overline{B}$。逻辑电路如图解4-23(a)所示。

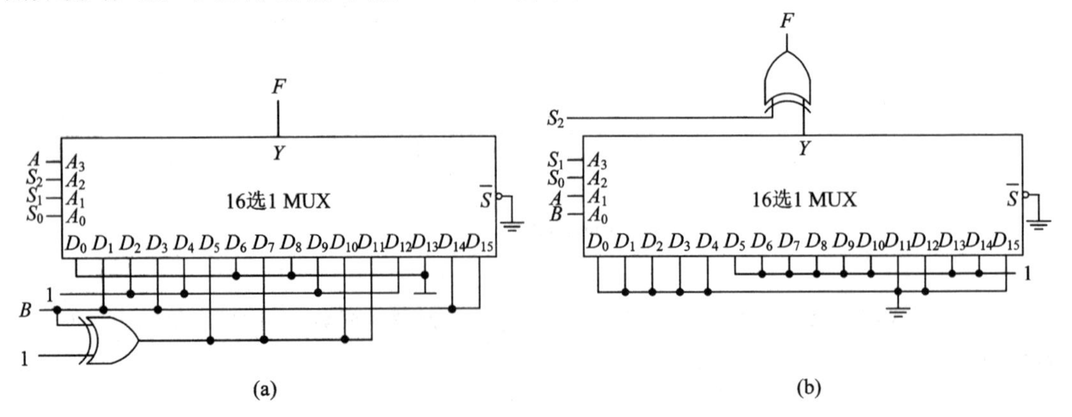

图解4-23

方法(2)：从真值表可见F与A、B的函数关系。下半部正好是上半部的反函数，如果设$S_2=0$时$F=Y=f(S_1, S_0, A, B)$，则$S_2=1$时$F=\overline{Y}$。因此可以首先用16选1 MUX

实现 Y 函数，再用异或门实现 F，即

$$Y=(S_1, S_0, A, B)_m(0, 0, 0, 0, 0, 1, 1, 1, 1, 1, 1, 0, 0, 1, 1, 0)^{\mathrm{T}}$$

$$F=S_2 \oplus Y$$

当 $S_2=0$ 时，$F=Y$；当 $S_2=1$ 时，$F=\bar{Y}$。逻辑电路如图解 4-23(b)所示。

4-24　由 74LS153 双 4 选 1 数据选择器组成的电路如图 P4-24 所示。

(1) 分析该电路，写出 F 的最小项表达式 $F(A, B, C, D)$。

(2) 改用 8 选 1 实现函数 F，试画出逻辑电路。

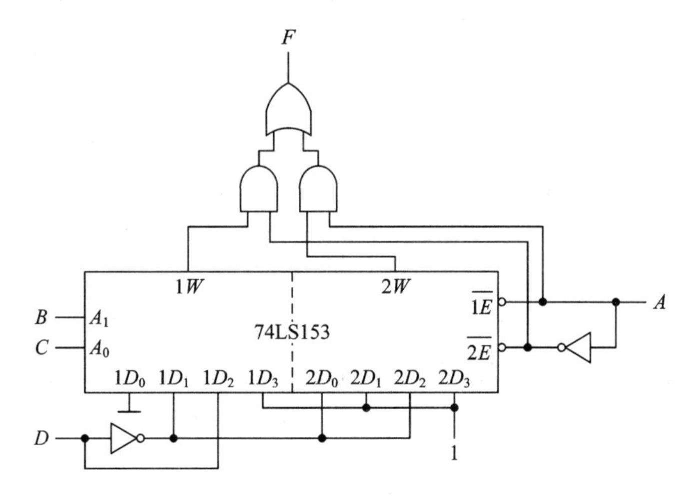

图 P4-24

解　(1) $F=\sum m(2, 5, 6, 7, 8, 10, 11, 12, 14, 15)$

(2) $F=(ACD)_m(0,B,1,B,1,0,1,1)^{\mathrm{T}}=(ABD)_m(C,0,C,1,1,C,1,C)^{\mathrm{T}}$

(电路图略)

4-25　用 4 选 1 数据选择器和 3-8 译码器组成 20 选 1 数据选择器和 32 选 1 数据选择器。

解　20 选 1 MUX 电路如图解 4-25 所示。若构成 32 选 1 MUX，则需要用 8 个 4 选 1 MUX。(电路图略)

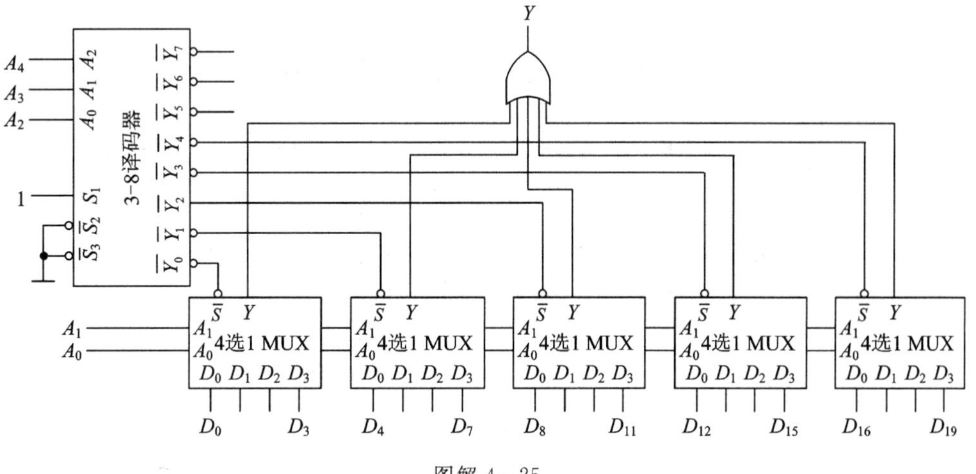

图解 4-25

4－26　教材中图 4.3.28 所示的 16 位数值比较器，若输入数据 $A_{15} \sim A_0 = \text{B536H}$，$B_{15} \sim B_0 = \text{B5A3H}$，试求各片输出值。

解　16 位数值比较器如图解 4－26 所示，待比较的 16 位二进制数分为 4 组送至片(1)～(4)输入端，每片的 A、B 数据并行输入比较，片(1)～(4)的比较结果送至片(5)，最后得出比较结果为 $F_{A>B}=0$，$F_{A=B}=0$，$F_{A<B}=1$。

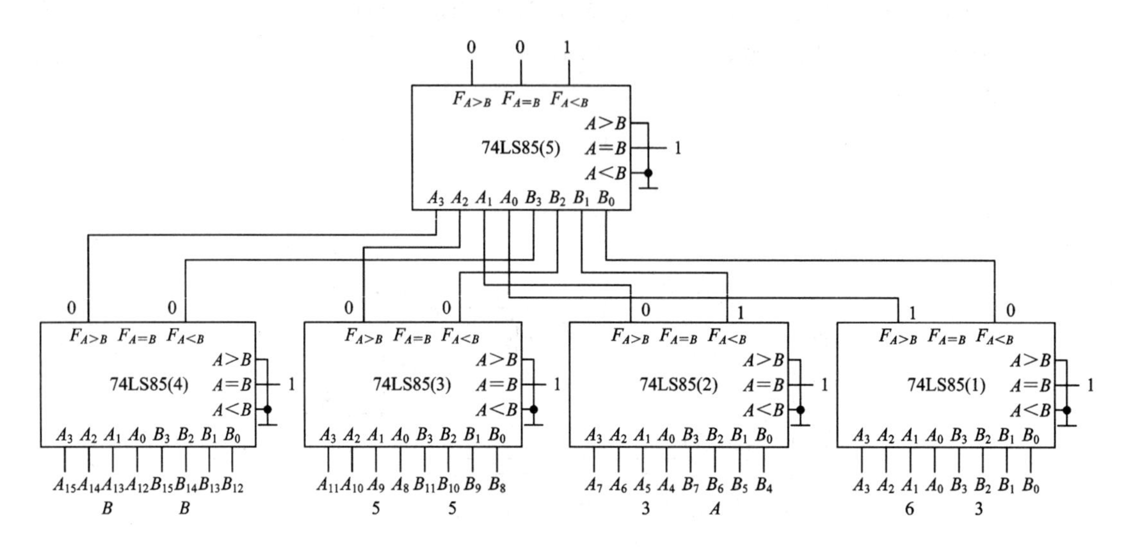

图解 4－26

4－27　试用一片 4 位数值比较器 74LS85 和一片 4 位二进制加法器 74LS283 设计一个 4 位二进制数到 8421 BCD 码的转换电路。

解　4 位二进制数到 8421 BCD 码转换时需要将大于 9 以后的二进制数加 6(0110)进行修正，便可得到等值的 8421 BCD 码(参见教材表 4.3.12)。因此可以将 4 位二进制数 A、B、C、D 与 1001 通过 4 位数值比较器 74LS85 进行比较，当 $ABCD>1001$ 时，$F_{A>B}=1$，表明需要修正，否则不需要修正。4 位二进制加法器 74LS283 根据 $F_{A>B}$的结果，决定输入的 4 位二进制数是否加 6 修正。最后输出的结果 $000F_4F_3F_2F_1F_0$ 为 2 位等值的 8421 BCD 码。电路如图解 4－27 所示。

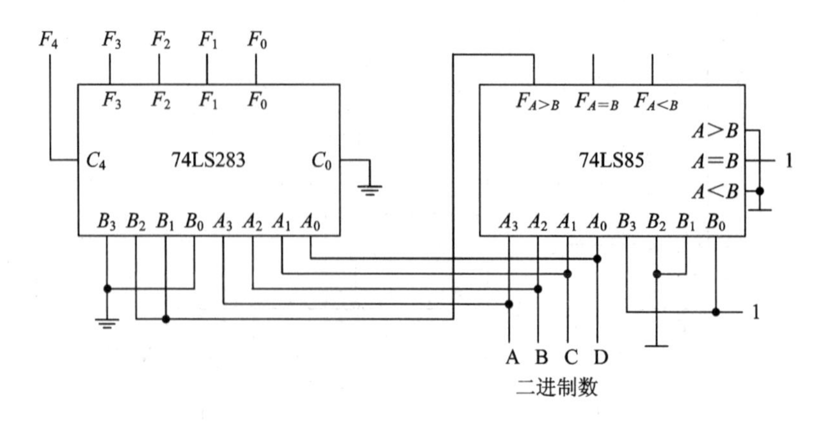

图解 4－27

4-28　设 X、Y 分别为 4 位二进制数，试用 4 位二进制全加器 74LS283 实现一个 $F=2(X+Y)$ 的运算电路。

解　因 $X+Y$ 的最大值为$(11110)_2$，可用一片 4 位加法器实现，$2(X+Y)$可用$(X+Y)$之值左移一位求得，故用一片 4 位加法器实现 $X+Y$ 之后末尾再补 0 便可得到$2(X+Y)$。逻辑电路如图解 4-28 所示。

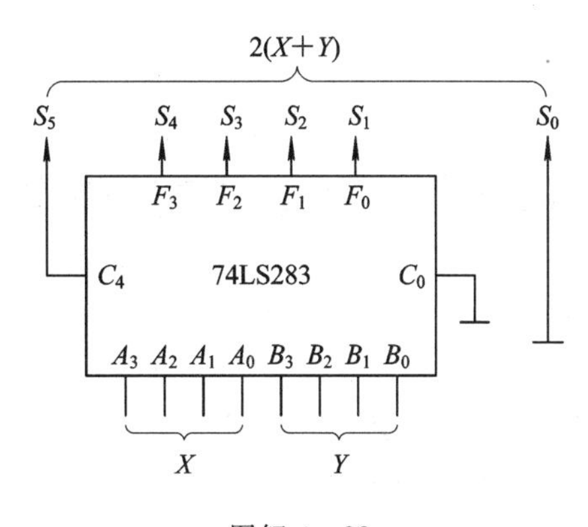

图解 4-28

4-29　判断下列函数是否存在冒险现象。若有，试消除之。

(1) $F_1=AB+\overline{A}C+\overline{B}\overline{C}$

(2) $F_2=A\overline{B}+\overline{A}C+B\overline{C}$

(3) $F_3=(A+\overline{B}+C)(\overline{A}+\overline{B}+C)(A+B+C)$

解　用 K 图法判断。

对于 F_1：

$$\left.\begin{array}{l}\text{当 } AB=00 \text{ 时，} C \text{ 变化} \\ \text{当 } BC=11 \text{ 时，} A \text{ 变化} \\ \text{当 } AC=10 \text{ 时，} B \text{ 变化}\end{array}\right\}\text{均可能产生 0 型冒险}$$

对于 F_2：

$$\left.\begin{array}{l}\text{当 } AB=01 \text{ 时，} C \text{ 变化} \\ \text{当 } AC=10 \text{ 时，} B \text{ 变化} \\ \text{当 } BC=01 \text{ 时，} A \text{ 变化}\end{array}\right\}\text{均可能产生 0 型冒险}$$

对于 F_3：

$$\left.\begin{array}{l}\text{当 } AC=00 \text{ 时，} F=B\cdot\overline{B}\text{，} B \text{ 变化} \\ \text{当 } BC=10 \text{ 时，} F=A\cdot\overline{A}\text{，} A \text{ 变化}\end{array}\right\}\text{均可能产生 1 型冒险}$$

用增加冗余项的办法消除冒险现象，即

$$F_1=AB+\overline{A}C+\overline{B}\overline{C}+\underline{\overline{A}\overline{B}}+\underline{BC}+\underline{A\overline{C}}$$

$$F_2=A\overline{B}+\overline{A}C+B\overline{C}+\underline{\overline{A}B}+\underline{A\overline{C}}+\underline{\overline{B}C}$$

$$F_3=(A+\overline{B}+C)(\overline{A}+\overline{B}+C)(A+B+C)\,\underline{(A+C)}\,\underline{(\overline{B}+C)}$$

第5章　触　发　器

5.1　基本要求、基本概念及重点、难点

1. 基本要求

（1）掌握各种触发器的逻辑功能及其功能描述方法。

（2）掌握典型集成触发器的电路结构特点，熟悉它们的逻辑符号及动作特点。

（3）熟练掌握触发器电路的时序图画法。

2. 基本概念及重点、难点

1）触发器的逻辑功能

触发器的逻辑功能是指触发器的输出次态 Q^{n+1} 与现态 Q^n 以及触发器输入信号之间的逻辑关系，它可以用状态真值表、次态卡诺图、特征方程、状态图、时序图等方法进行描述，这些方法之间也可以相互转换。

特征方程是触发器逻辑功能的函数表达式形式，也是最基本的描述方法。不同逻辑功能的触发器其特征方程如下。

基本 RS 触发器：

$$\begin{cases} Q^{n+1} = \overline{S}_D + R_D Q \\ S_D + R_D = 1 \quad \text{约束条件} \end{cases}$$

钟控 RS 触发器：

$$\begin{cases} Q^{n+1} = S + \overline{R}Q \\ SR = 0 \quad \text{约束条件} \end{cases}$$

钟控 D 触发器：

$$Q^{n+1} = D$$

钟控 T 触发器：

$$Q^{n+1} = T \oplus Q$$

钟控 JK 触发器：

$$Q^{n+1} = J\overline{Q} + \overline{K}Q$$

2）触发器的电路结构形式

触发器按触发方式不同，可分为电位型触发方式和边沿型触发方式；触发器按电路结构不同，主要分为主从型触发器和维持-阻塞型触发器。

主从型触发器由主触发器和从触发器组成，其工作分为两步：CP＝1 期间，主触发器

工作，从触发器被封锁，因此输出状态不变；当CP由1变为0后，主触发器被封锁，主触发器的状态转移到从触发器并输出，因此整个触发器的状态变化发生在CP的下降沿。主从型触发器为电位触发方式(一次操作)。其逻辑符号与边沿触发器的主要差别在于：时钟输入 $C1$ 端没有动态符号“>”，输出端有“¬”表示“延迟输出”。

维持-阻塞型触发器属于边沿触发器，其逻辑符号在时钟输入 $C1$ 端有动态符号“>”，CP上升沿(或下降沿)到达时状态转换。

分析触发器时应注意：触发器的逻辑功能和电路结构形式是两个不同的概念，具有某种逻辑功能的触发器可以用不同的电路结构实现；逻辑功能不同的触发器其次态真值表、次态卡诺图、特征方程、状态图、时序图等也不相同。

3) 触发器电路的时序图

画时序图首先要注意触发器的触发方式。对于电位型触发器，其输出直接受输入信号或时钟的电位控制；对于边沿型触发器，其输出状态在时钟作用沿到达时发生变化。画时序图时应注意以下几点：

(1) 根据时钟作用沿(上升沿或下降沿)确定触发器的翻转时刻。

(2) 根据触发器的外输入及特征方程求出其状态方程，然后由状态方程确定时钟作用沿到达后的次态。

(3) 异步置0、置1端(R_D、S_D 端)的操作不受时钟控制，为电位控制，通常为低有效。

5.2 习题解答

5-1 由或非门构成的触发器电路如图P5-1(a)、(b)所示，试分别写出触发器输出 Q 的下一状态方程。图P5-1(c)给出了输入信号 a、b、c 的波形，设触发器的初始状态为1，试画出图P5-1(b)输出 Q 的波形。

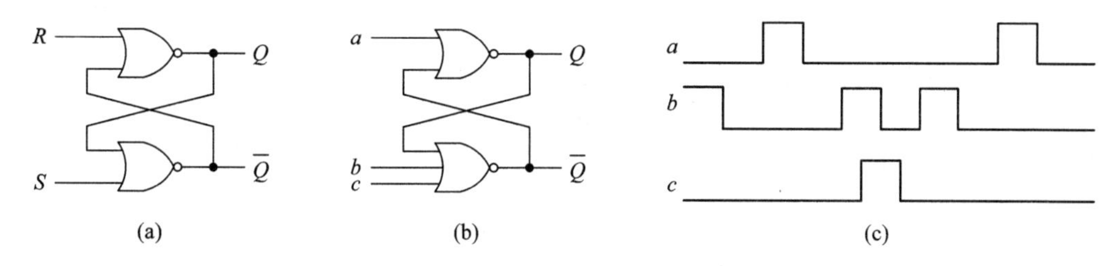

图P5-1

解 图P5-1(a)的状态表如表解5-1(a)所示，从而求得触发器的特征方程为

$$\begin{cases} Q^{n+1} = S + \bar{R}Q \\ RS = 0 \quad 约束条件 \end{cases}$$

图P5-1(b)的状态表如表解5-1(b)所示，从而求得触发器的特征方程为

$$\begin{cases} Q^{n+1} = b + c + \bar{a}Q \\ ab + ac = 0 \quad 约束条件 \end{cases}$$

波形如图解5-1所示。

表解 5-1

(a)

R	S	Q^{n+1}
0	0	Q
0	1	1
1	0	0
1	1	×

(b)

a	$(b+c)$	Q^{n+1}
0	0	Q
0	1	1
1	0	0
1	1	×

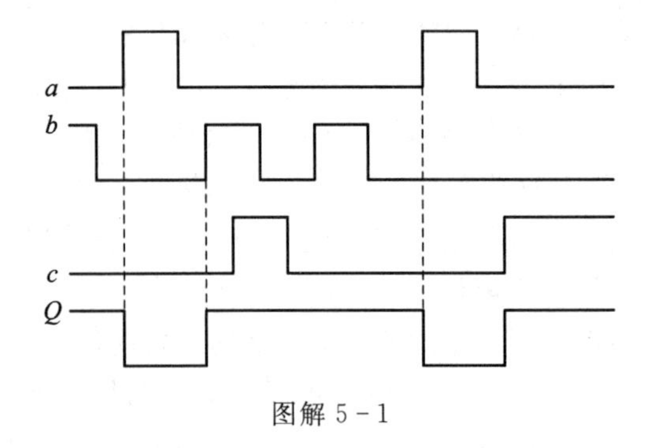

图解 5-1

5-2　按钮开关在转换的时候由于簧片的颤动会使信号出现抖动，因此实际使用时往往需要加上防抖动电路。运用基本 RS 触发器构成的防抖动输出电路如图 P5-2(a)所示，试说明其工作原理，并画出对应于图中输入波形的输出波形。

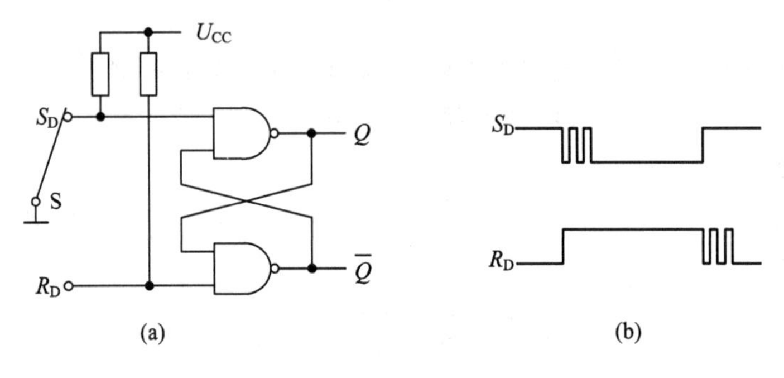

图 P5-2

解　设 Q 的初态为 0，当开关由 R_D 端打开到 S_D 端时，开关在 S_D 端有抖动，波形如图 P5-2(b)所示。根据基本 RS 触发器的逻辑功能，当 S_D 端第一次被置于 0 时，触发器就被置 1 ($Q^{n+1}=1$)，开关的抖动并不影响触发器的状态；当开关再由 S_D 端打到 R_D 端时，情况类似，触发器被可靠置 0。我们可在触发器的 Q 端获得没有抖动的输出波形(如图解 5-2 所示)。

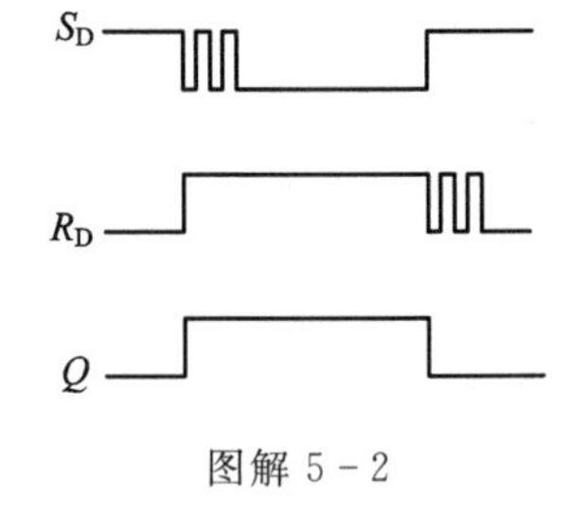

图解 5-2

5-3　试分析图 P5-3 所示电路的逻辑功能，列真值表，并写出逻辑函数表达式。

解　该电路的状态转移真值表(状态表)如表解 5-3 所示。

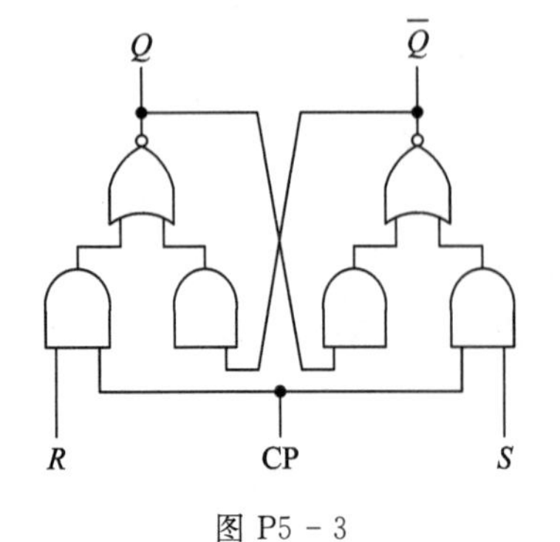

图 P5-3

表解 5-3

R	S	Q^{n+1}
0	0	Q
0	1	1
1	0	0
1	1	×

触发器的特征方程为

$$\begin{cases}Q^{n+1}=S+\bar{R}Q\\RS=0\quad 约束条件\end{cases}$$

5-4　设图 P5-4 中各触发器的初始状态皆为 0，试画出在 CP 的作用下各触发器 Q 端的波形图。

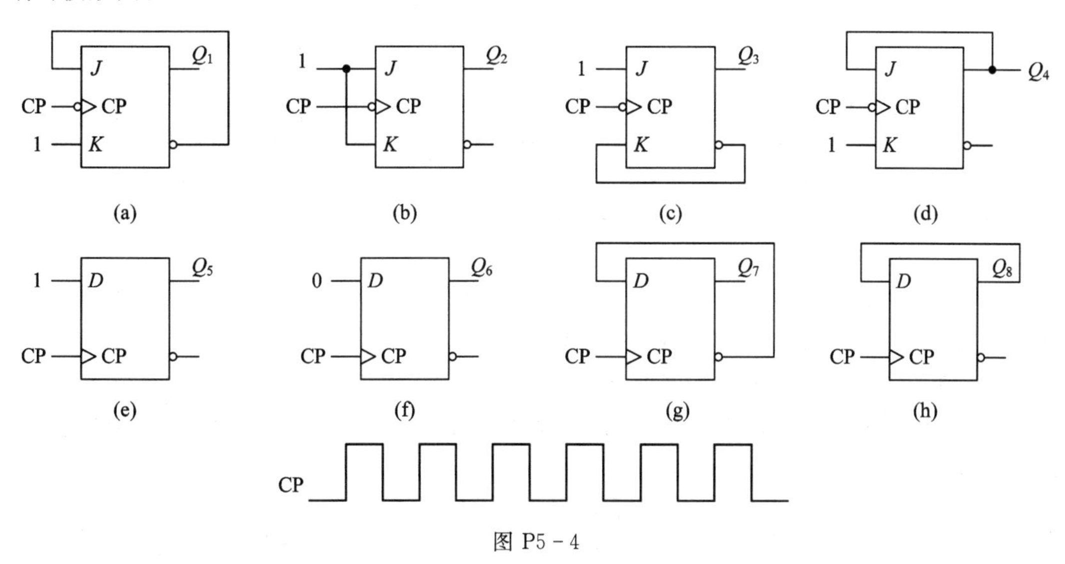

图 P5-4

解　各电路的状态方程为

$$Q_1^{n+1}=\bar{Q}_1\qquad Q_5^{n+1}=1$$

$$Q_2^{n+1}=\bar{Q}_2\qquad Q_6^{n+1}=0$$

$$Q_3^{n+1}=1\qquad Q_7^{n+1}=\bar{Q}_7$$

$$Q_4^{n+1}=0\qquad Q_8^{n+1}=0$$

Q_1～Q_8 的波形图如图解 5-4 所示。

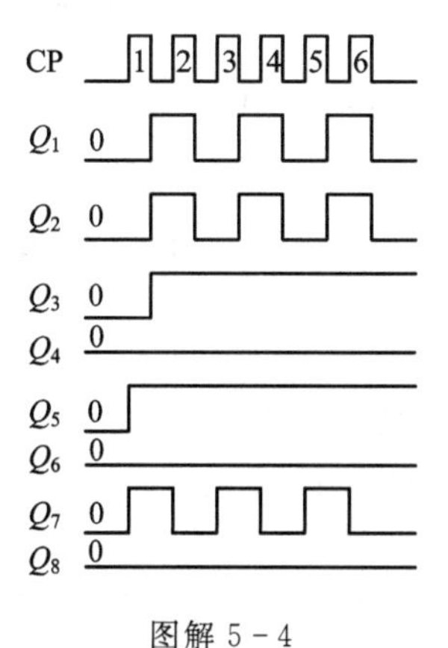

图解 5-4

5-5　在图 P5-5 所示的触发器电路中，A 和 B 的波形已知，对应画出 Q_0、Q_1、Q_2 和 Q_3 的波形，设各触发器的初始状态为 0。

解　图 P5-5(a)：$Q_0^{n+1}=\bar{Q}_0$，触发器在 A 的上升沿翻转，因 $R_{D0}=\bar{Q}_1$，故 $\bar{Q}_1=0$ 时，$Q_0=0$；$Q_1^{n+1}=Q_0\bar{Q}_1$，触发器在 B 的上升沿翻转。

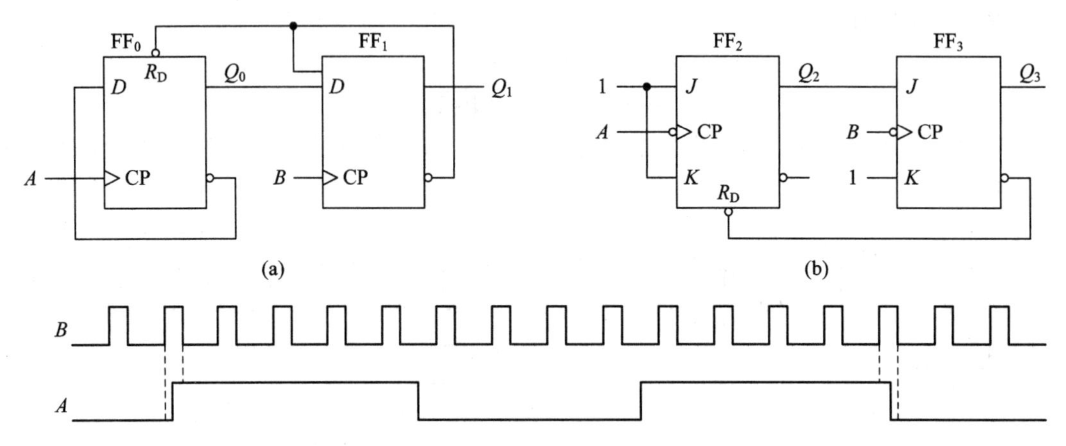

图 P5－5

图 P5－5(b)：$Q_2^{n+1}=\overline{Q}_2$，触发器在 A 的下降沿翻转，因为 $R_{D2}=\overline{Q}_3$，所以 $\overline{Q}_3=0$ 时，$Q_2=0$；$Q_3^{n+1}=Q_2\overline{Q}_3$，触发器在 B 的下降沿翻转。

Q_0、Q_1、Q_2、Q_3 的波形图如图解 5－5 所示。可见，这两个电路均为单脉冲发生器。图 P5－5(a)在 $A=1$ 时，Q_1 输出(脉宽与 B 的周期相同)单脉冲。图 P5－5(b)在 $A=0$ 时，Q_3 输出(脉宽与 B 的周期相同)单脉冲。

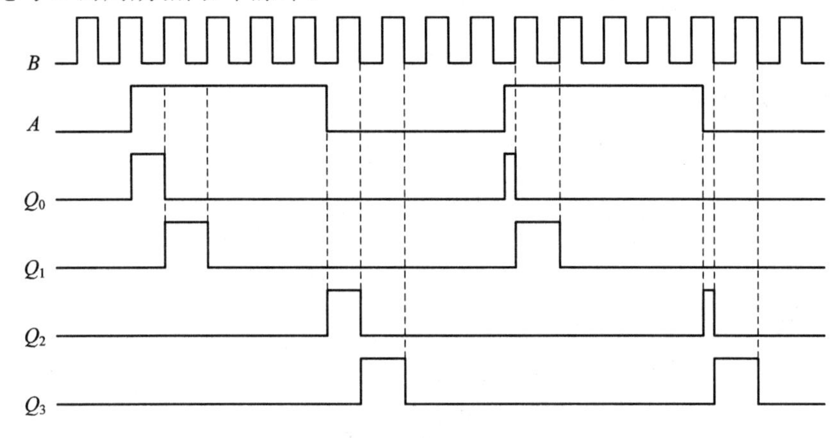

图解 5－5

5－6　在图 P5－6 所示的电路中，FF_1 为 JK 触发器，FF_2 为 D 触发器，初始状态均为 0，试画出在 CP 的作用下 Q_1、Q_2 的波形。

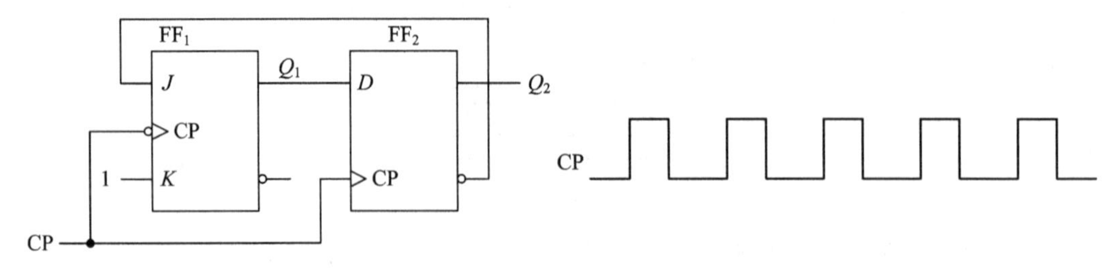

图 P5－6

解　FF_1、FF_2 的状态方程为

$$Q_1^{n+1}=\overline{Q}_2\overline{Q}_1$$

$$Q_2^{n+1} = Q_1$$

其波形图如图解 5－6 所示。

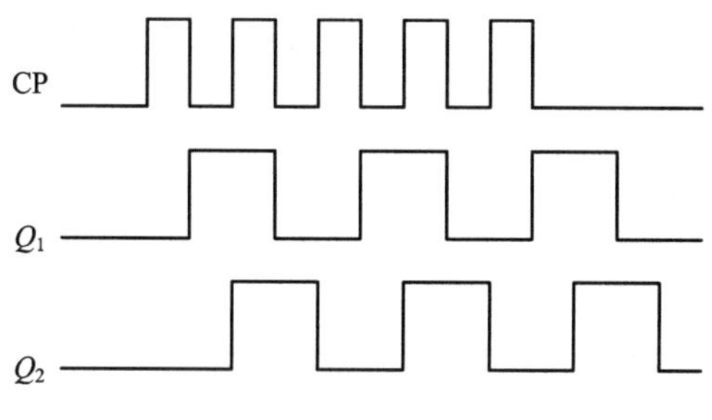

图解 5－6

5－7　试用主从 JK 触发器构成 D 触发器。

解　由主从 JK 触发器构成的 D 触发器如图解 5－7 所示。

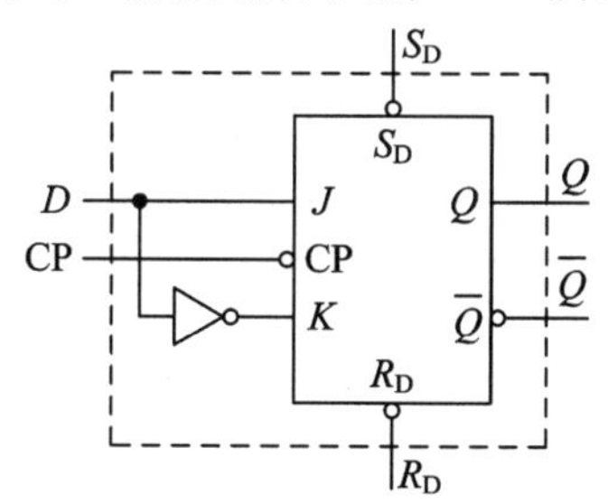

图解 5－7

由于 $Q^{n+1} = J\bar{Q} + \bar{K}Q = D\bar{Q} + \bar{\bar{D}}Q = D(\bar{Q} + Q) = D$，所以该电路构成了 D 触发器。

5－8　试用维持-阻塞 D 触发器构成 JK 触发器。

解　由维持-阻塞 D 触发器构成的 JK 触发器如图解 5－8 所示。

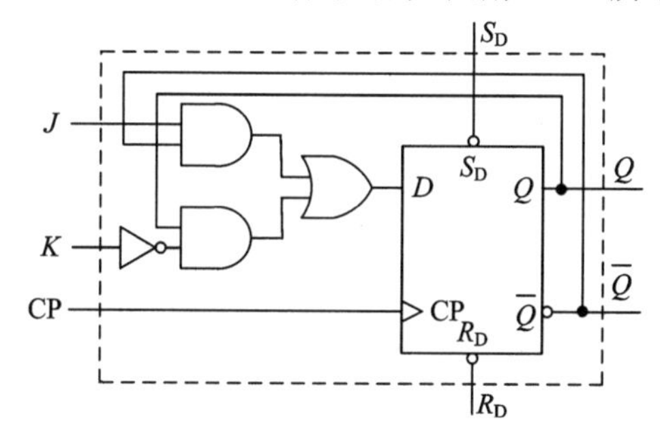

图解 5－8

由于 $Q^{n+1} = D = J\bar{Q} + \bar{K}Q$，所以该电路构成了 JK 触发器。

5－9　试设计一个单脉冲产生电路。该电路输入为时钟脉冲 CP，有一按钮开关(开关的结构可自选)，人工每按一次按钮开关，该电路就输出一个时钟脉冲。画出电路，说明其工作原理，注意要考虑人工按键时可能产生的抖动。

解　按照命题设计的“单脉冲产生电路”及其工作波形图如图解 5－9 所示。图中，按钮开关 S 和触发器 FF_0 构成消除按钮抖动电路，按钮开关 S 的常闭点接触发器 FF_0 的 R_D 端，常开点接触发器 FF_0 的 S_D 端；触发器 FF_1 为时钟脉冲同步电路，使输出 Q_1 信号与时钟脉冲同步；触发器 FF_2 和 FF_3 构成单脉冲电路。

注意，该电路按钮开关的工作频率较低(人工按键操作约 3 次/秒)，时钟脉冲 CP 的频率较高。

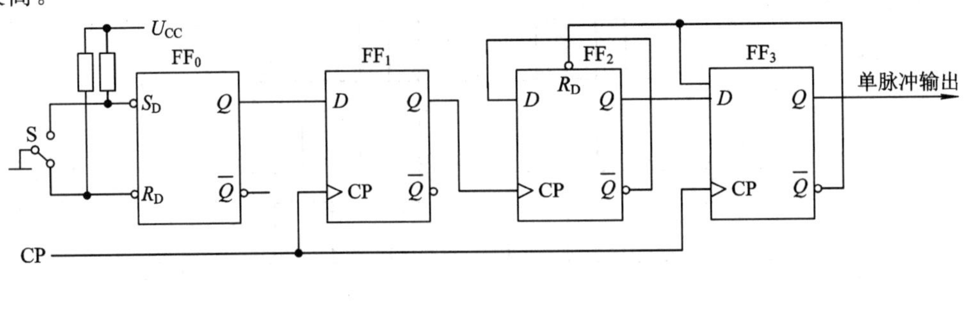

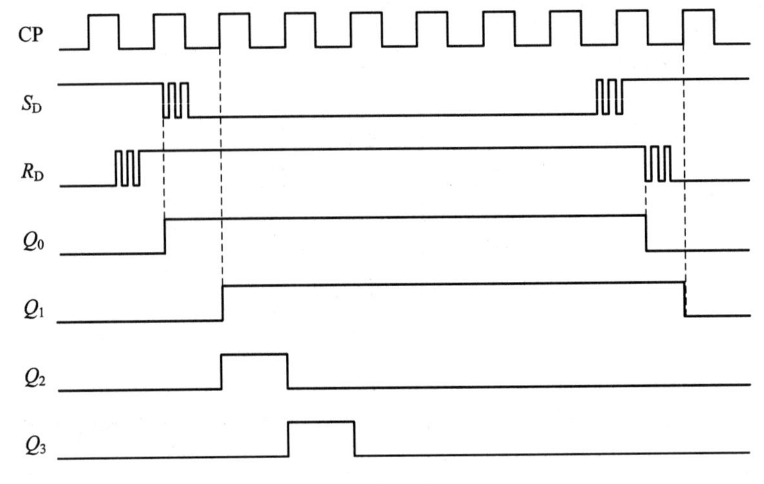

图解 5-9

第6章　时序逻辑电路

6.1　基本要求、基本概念及重点、难点

1. 基本要求

(1) 深刻理解时序电路在电路结构、逻辑功能描述方法及分析设计方法上与组合逻辑电路的区别。

(2) 掌握同步时序电路的分析方法和步骤。

(3) 掌握同步时序电路的设计方法与步骤。

(4) 熟悉典型 MSI 同步时序逻辑器件的功能和使用方法。

2. 基本概念及重点、难点

1) 时序电路的特点

时序电路由组合电路和存储电路两部分组成。存储电路具有记忆功能，通常由触发器构成。时序电路通常有四组信号(外部输入 X、内部状态 Q、外部输出 Z 和激励信号 Y)和三组方程(激励方程、状态方程和输出方程)。但是实际的时序电路不一定都具备完整的结构形式，有些时序电路可以没有外输入(如计数器)，有些时序电路的输出仅取决于内部状态，而与外部输入没有直接关系(如 Moore 型时序电路)，但只要是时序电路，就必须包含存储电路，且输出必定与电路的状态有关。

时序电路中每一位触发器的输出称为一个状态变量，n 个状态变量(n 位触发器)可以组成 2^n 个不同的内部状态，因此时序电路的状态数目越多，则需要的触发器数目也越多。

时序电路的逻辑功能是指时序电路的内部状态、外部输出与外部输入及原状态的逻辑关系，即 $Q_{n-1}^{n+1}Q_{n-2}^{n+1}\cdots Q_0^{n+1}/Z=f(X, Q_{n-1}, Q_{n-2}, \cdots, Q_0)$的函数关系。

2) 分析时序电路的逻辑功能应掌握事项

(1) 根据给定的逻辑电路正确写出激励方程、状态方程和输出方程，写方程时应注意状态的时刻(现态、次态)。

(2) 由每个触发器的状态方程 $Q_i^{n+1}=f(X, Q_i)$和电路的输出方程 $Z=f(X, Q)$可作出相应的卡诺图，将卡诺图拼起来即可求出 $Q_{n-1}^{n+1}\cdots Q_0^{n+1}/Z=f(X, Q_{n-1}\cdots Q_0)$的状态表，根据所得的状态表便可画出状态图和时序图。

(3) 逻辑功能的分析。

主要从电路结构和状态转移规律去分析，然后用合适的文字去描述电路的逻辑功能。

① 计数器：通常没有外输入和外输出(若有则为加/减控制输入，进位或借位输出)，在时钟信号作用下完成若干个状态的循环运行，状态编码有一定规律。

② 移位寄存器：通常由D触发器首尾相连构成，有移位输入和输出，状态变化符合移位的特点。

③ 序列信号发生器：通常只有外输出信号。通过状态图或时序图分析可看到，输出端在时钟作用下能循环输出特定的串行二进制码。

④ 序列信号检测器：有外输入和外输出信号。通过状态图或时序图分析可看到，只有当输入端有特定的串行二进制码输入时，输出信号才有效。

3）设计时序电路时应注意事项

① 正确建立原始状态图(表)是关键的一步，凡是要记忆的信息或事件都应设置状态，应宁多勿漏。

② 确定激励方程和输出方程。当采用JK触发器设计时，可采用状态方程法(参看第三版教材第129页)求解。

③ 用仿真时序图检测设计方案。可用逻辑分析仪或仿真时序波形图进行分析，以便检查、修改设计方案。

④ 自启动问题。在时序电路中，如果所有的无效状态都能直接或间接回到有效状态循环中，则称该电路具有自启动能力，否则在设计过程中要进行修改，方法主要有两种：

· 对原来非完全描述时序电路中没有描述的状态转移情况明确加以定义，使其成为完全描述时序电路。这种方法由于失去了任意项，因此会增加电路的复杂程度。

· 求激励函数时，改变原来任意项的圈法。为了减少工作量，应分析死循环中多余状态的走向，充分利用任意项，尽量只改圈一个触发器的卡诺图，这样既不增加激励函数的复杂程度，又能尽量保持原电路的其他结构不变(参看第三版教材第131页)。

4）常用典型MSI时序逻辑器件的功能及应用

(1) 集成计数器。

① 基本概念。

MSI计数器的一般结构特点。搞清常用MSI计数器74LS161、74LS163、74LS160、74LS162的功能表、时序图有何异同点，异步清零、异步置数和同步清零、同步置数有何区别，过渡态在时序图上有何特点，计数器和分频器有何区别，可编程计数器(分频器)的特点与实现方法。

② 任意模值计数器的实现方法。

采用MSI计数器构成任意模值(M)计数器时，应在N(2^i或10^i，最大计数容量)个状态中选择M个状态，使之跳过$N-M$个状态去实现模M计数。实现的方法通常有反馈清零法、反馈置数法两种，具体步骤如下：

a. 选择好模M计数器的计数范围，确定初态和末态(注意同步和异步控制的区别)。

b. 确定产生清零信号或置数信号的译码状态，根据译码状态设计译码反馈电路，最后画出模M计数器逻辑电路图。

③ 任意模值计数器设计时注意的问题。

a. 采用的芯片为何种进制。常用 MSI 计数器有二进制、十进制等。二进制计数器与十进制计数器的主要区别是进位不同。

二进制计数器按二进制进位规律计数，由 n 位触发器组成的二进制计数器，其最大计数容量 $N=2^n$，计数器的状态在 $0\sim2^n-1$ 范围内循环变化。

十进制计数器按十进制进位规律进行计数，每片 MSI 十进制计数器的计数状态在 0000～1001 范围内循环变化，故也称 8421BCD 计数器(简称 BCD 计数器)，主要用于计数和需要显示的场合。模值大于 10 的十进制计数器需要用若干个 BCD 计数器组成，每个低位 BCD 计数器计满 10 个状态后便向高一位 BCD 计数器进 1。

b. MSI 计数器的级联。4 位二进制单片计数器的最大计数值 $N=2^4=16$，十进制单片计数器的最大计数值 $N=10$。当要求实现的模值 M 超过单片计数器的最大计数值时，应将多片计数器进行级联，使 $M\leqslant N$($N=16^i$ 或 $N=10^i$，i 为芯片的片数)，然后再采用整体清零或整体置数的方法构成模 M 计数器。级联方法有同步级联法和异步级联法，通常采用同步级联法。

c. 模 M 计数器的时序图分析。通过仿真实验对时序图进行分析可以方便地修改、检测设计方案。

例 1　分别用 74LS163、74LS160 实现模 60 计数器，采用 EWB 或 Multism 进行仿真实验，并对时序波形进行分析。

解　① 74LS163 为 MSI 4 位二进制计数器，先将两片 74LS163 采用同步级联的方式(即两片 74LS163 共用一个时钟，低位片的 R_{CO} 接到高位片的 ENP 和 ENT 端，低位片每计满 16 个 CP 高位片才计一次数)连接，计数范围可扩展为 0～255。

这里采用同步级联、整体清零法实现二进制码模 60 计数，其计数范围是 00000000～00111011，当两片计数器的输出 $Q_D'\sim Q_A'Q_D\sim Q_A$ 计到 00111011 时，$LOAD'=\overline{Q_B'Q_A'Q_DQ_BQ_A}=0$，等下一 CP 到达时将预置输入数 00000000 送至输出端，并重新计数。其电路及时序关系如图 6-1(a)、(b)所示。

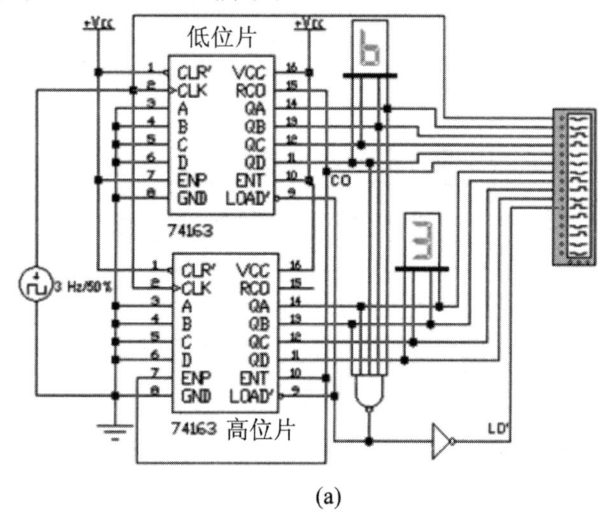

(a)

图 6-1(a)

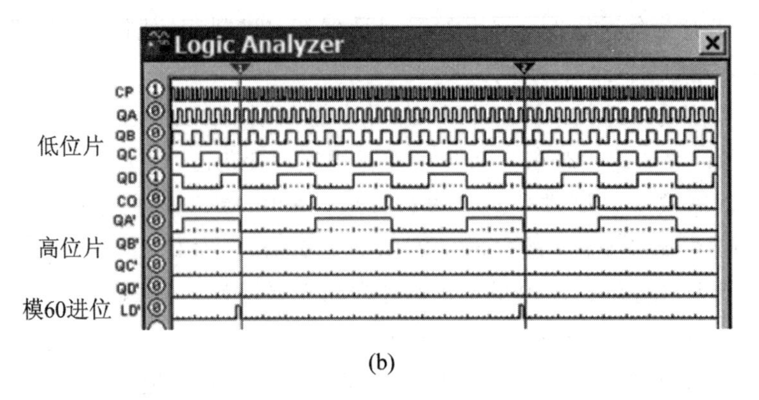

(b)

图 6-1(b)

② 用两片 74LS160 构成模 60 计数器，采用同步级联的方式(即两片 74LS160 共用一个时钟，低位片的 R_{CO} 接到高位片的 ENP 和 ENT 端，低位片每计满 10 个 CP 高位片才计一次数)连接，计数范围可扩展为 0～99。

这里采用同步级联、整体置 0 法实现 8421BCD 码模 60 计数，其计数范围是 00000000～01011001，当两片计数器的输出 Q_D'～$Q_A'Q_D$～Q_A 计到 01011001 时，$LOAD'=\overline{Q_C'Q_A'R_{CO}}=0$，等下一 CP 到达时将预置输入数 00000000 送至输出端，并重新计数。其电路及时序关系如图 6-2 所示。

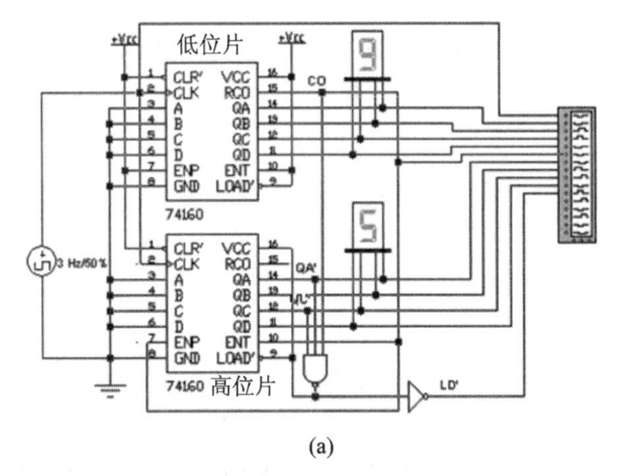

(a)

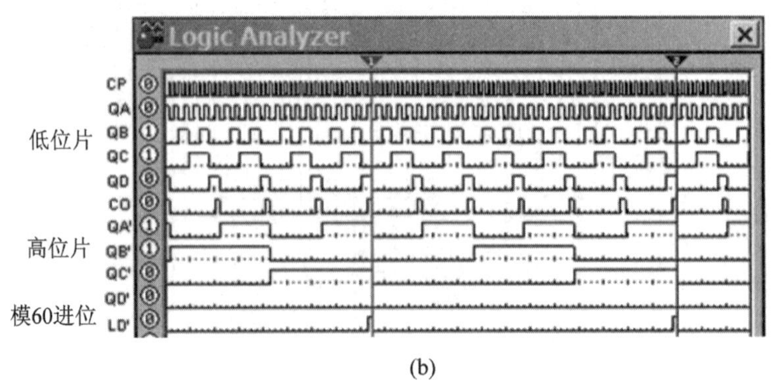

(b)

图 6-2

例 2 用 74LS161 实现 $M=20$ 的二进制计数器，采用两种方案设计并用 MAX+plusⅡ 或 QuartusⅡ 进行仿真实验，对时序波形图进行分析。

解 ① 用 2 片二进制计数器 74LS161 同步级联、整体清零的方法实现，循环计数范围为 00000000～00010011。模 20 二进制计数器的原理图及符号如图 6-3 所示，仿真波形如图 6-4 所示。从仿真波形图中看出，计数器的输出状态 Q[7..0]按二进制编码规律加 1 计数，计到 13H(即 00010011B)后才有一个 CO 进位输出。

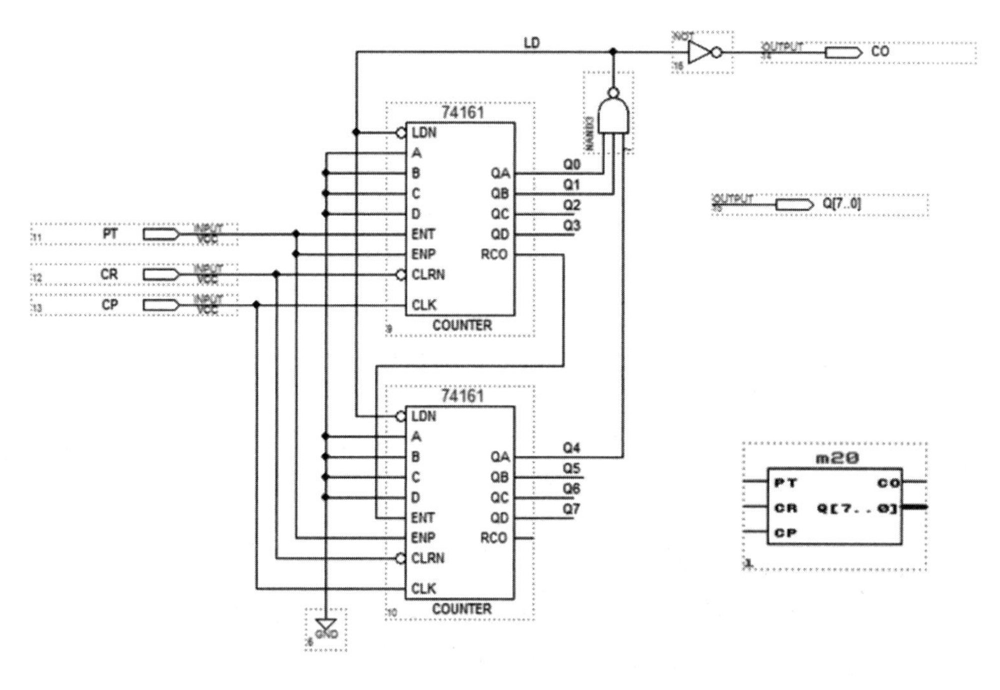

图 6-3

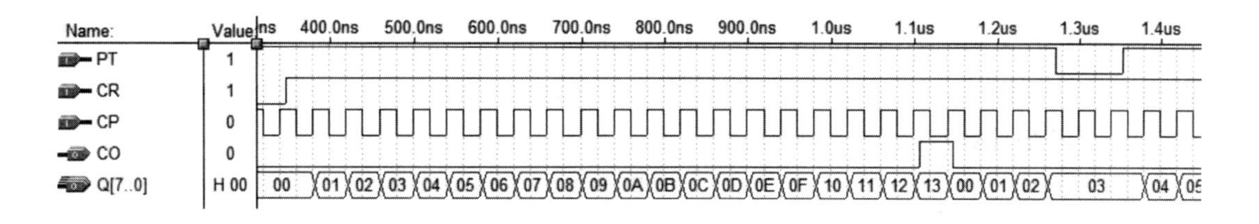

图 6-4

② 采用同步级联、整体 OC 置数的方法实现。电路原理图及符号如图 6-5 所示，计数器的循环计数范围是 11101100～11111111，也就是从 236 到 255(共 20 个状态)循环计数。仿真波形如图 6-6 所示。从仿真波形图中看出，计数器的输出状态 Q[7..0]每计到 FF 就有一个 CO 输出，使 LD=0，CP 到达后计数器的状态返回 ECH(11101100B)并重新开始计数，因而实现了模 20 计数器。这种方法利用了计数器的最后 20 个状态(从 236 计到 255)实现模 20 计数，若改变预置输入数 in[7..0]则可改变计数器的模值，因此 OC 置数法可用作可编程计数器(分频器)。

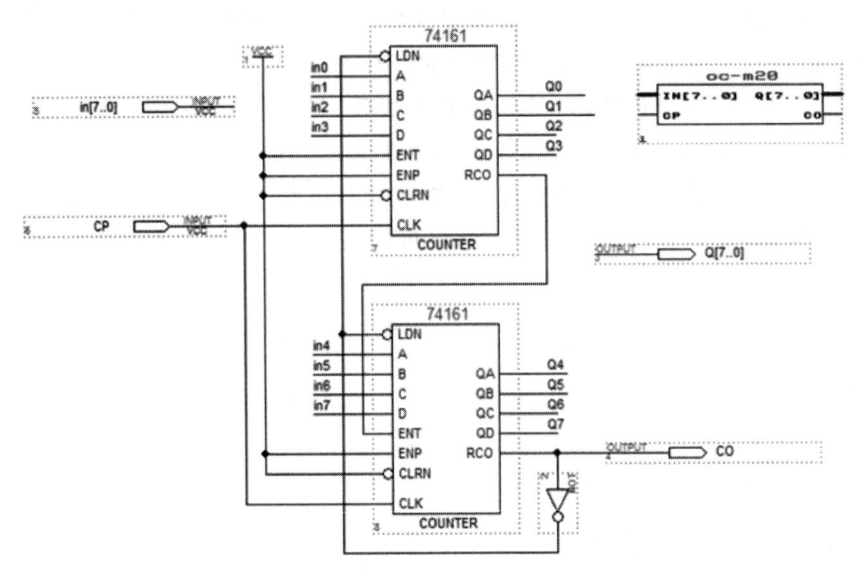

图 6-5

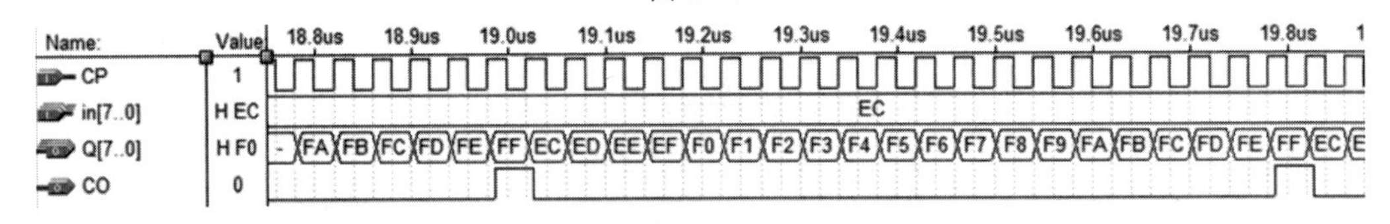

图 6-6

(2) 集成移位寄存器及应用。

① 移位寄存器的结构特点是：第一级触发器接收移位输入信号，其余各级输入端均与前一级的输出相连接，因此，其输出状态的变化具有移位特点。

② 典型的 MSI 移存器芯片具有左移、右移、并行置数、保持、清除等功能。

③ 移位寄存器可以构成移位型计数器。典型的移位型计数器有两种：

a. 环型计数器：$S_R(S_L)=Q_i$，$M=n$，主循环的每个状态中只有一个“1”(或“0”)，有 2^n-n 个多余状态。

b. 扭环型计数器：$S_R(S_L)=\bar{Q}_i$，$M=2n$，有 2^n-2n 个多余状态。

移位型计数器一般有死循环，设计时应检查自启动并注意修正。

(3) 序列码发生器。序列码发生器有移位型和计数型两种结构形式。

① 移位型序列码发生器由移位寄存器和组合反馈电路组成，序列码从移位寄存器的某一输出端得到。

② 计数型序列码发生器由模 M 计数器和组合输出电路构成，它可以从组合电路输出一组或同时输出多组序列码。

两种结构不同的序列码发生器，其设计、分析方法也不相同。

(4) 序列信号检测器。序列信号检测器可以检测输入序列码，只有当输入端输入一个特定的序列信号时，输出端才是有效的。

序列信号检测器的设计方法通常有两种：① 根据序列检测的要求建立原始状态图

(表)，然后进行状态化简、分配，求出各触发器的激励函数及输出函数。② 将所需检测的序列信号送入移位寄存器，然后用组合电路进行判断并控制输出有效。该方法简便，易于调试。

例如，设计一序列码检测器，当 X 每输入到第 8 个 1(不必连续)时，输出为 1。第一个输出何时到来无关紧要。只要 X 每输入 8 个 1 后，有 1 个 1 输出即可。

该题要检测 8 位序列码，因此可以采用 8 位串入并出移位寄存器 74LS164 实现。

将 X 输入信号和 CP 时钟相与后作为 74LS164 的时钟 CP_1 输入，即每当 X 输入 1 时 CP_1 才有信号，当 X 输入 0 时，74LS164 的 CP_1 也为 0；在移位输入 SR 端加 1，每当 X 输入一个 1 时，CP_1 就触发 74LS164 动作一次，将 SR 的 1 向右(Q_A、Q_B、…、Q_H)移一位，当 X 输入 8 个 1 时，SR 端所加的 1 经过 8 个时钟节拍已到达 Q_H 使其输出为 1，同时经过非门立即将 74LS164 输出全部清零，因此 Q_H 只在 X 输入第 8 个 1 时输出为 1。Q_H 即为序列码检测器的输出。该电路原理图如图 6-7 所示，仿真波形如图 6-8 所示。

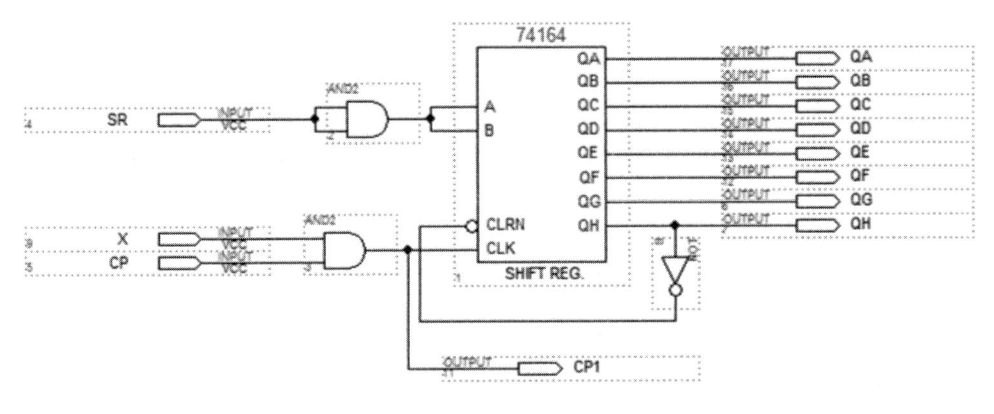

图 6-7

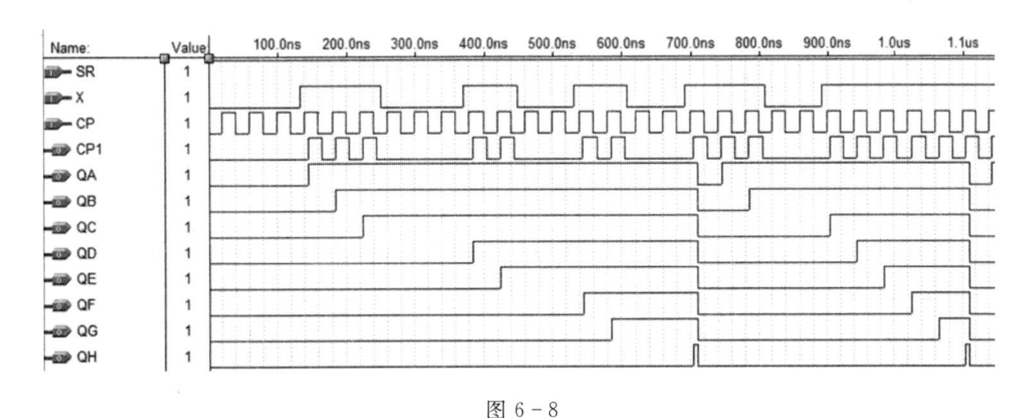

图 6-8

6.2 习题解答

6-1 已知一 Mealy 型时序电路的状态表如表 P6-1 所示，试画出该时序电路的状态图。

解 状态图如图解 6-1 所示。

表 P6-1

Q_1Q_0 \ X	$Q_1^{n+1}Q_0^{n+1}/Z$ 0	1
00	01/0	11/1
01	10/0	00/0
10	11/0	01/0
11	00/1	10/0

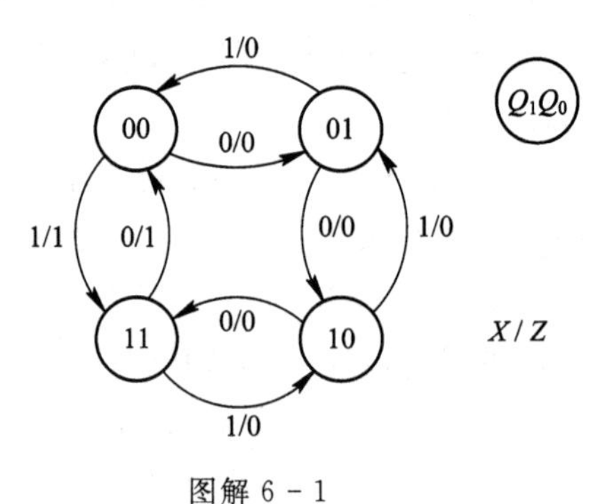

图解 6-1

6-2 已知一 Moore 型时序电路的状态表如表 P6-2 所示，试画出该时序电路的状态图。

解 状态图如图解 6-2 所示。

表 P6-2

Q_1Q_0 \ X	$Q_1^{n+1}Q_0^{n+1}$ 0	1	Z
00	01	00	0
01	10	00	0
10	11	00	.0
11	00	00	1

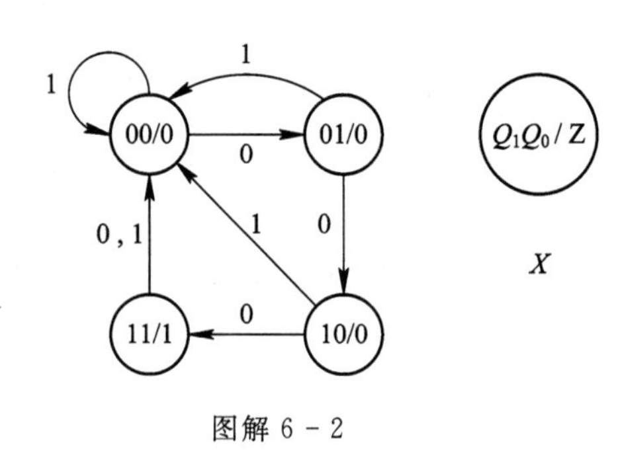

图解 6-2

6-3 已知一 Mealy 型时序电路的状态图如图 P6-3 所示，试列出该时序电路的状态表。

解 状态表如表解 6-3 所示。

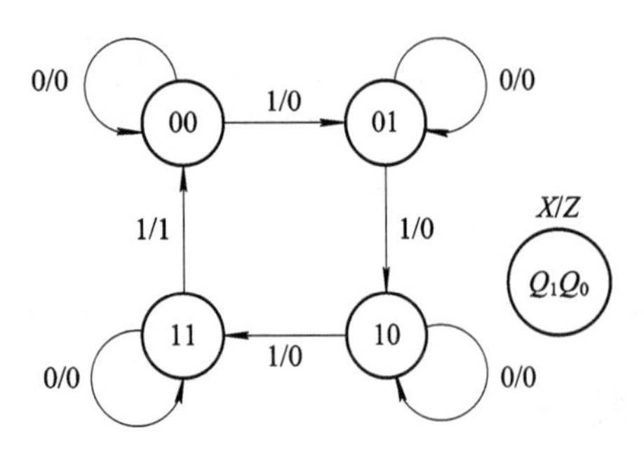

图 P6-3

表解 6-3

Q_1Q_0 \ X	$Q_1^{n+1}Q_0^{n+1}/Z$ 0	1
00	00/0	01/0
01	01/0	10/0
10	10/0	11/0
11	11/0	00/1

6－4　已知一 Moore 型时序电路的状态图如图 P6－4 所示，试列出该时序电路的状态表。设初始状态为 000，触发器为上升沿起作用，画出其工作波形图(不少于 8 个时钟脉冲)。

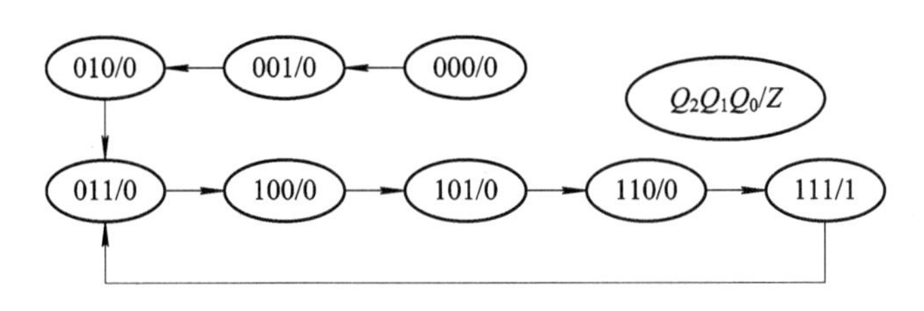

图 P6－4

解　状态表如表解 6－4 所示，波形图如图解 6－4 所示。

表解 6－4

Q_2	Q_1	Q_0	Q_2^{n+1}	Q_1^{n+1}	Q_0^{n+1}	Z
0	0	0	0	0	1	0
0	0	1	0	1	0	0
0	1	0	0	1	1	0
0	1	1	1	0	0	0
1	0	0	1	0	1	0
1	0	1	1	1	0	0
1	1	0	1	1	1	0
1	1	1	0	1	1	1

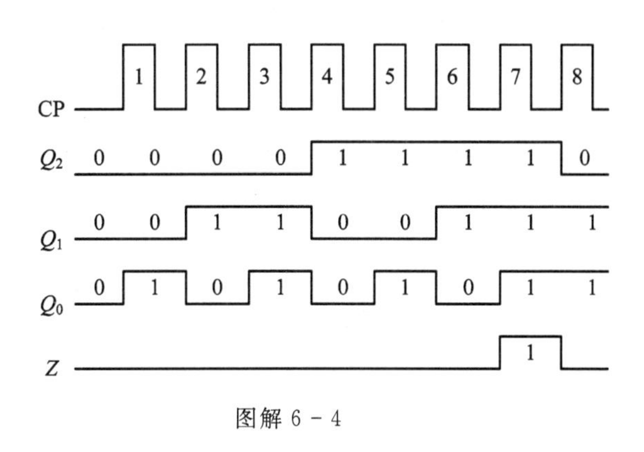

图解 6－4

6－5　分析图 P6－5 所示的各环形计数器电路，列出状态表，画出状态图，并说明电路能否自启动。

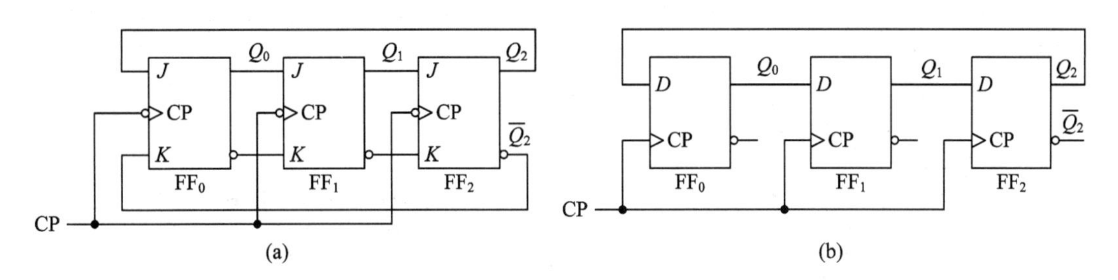

图 P6－5

解　图 P6－5(a)：该电路由 JK 触发器构成环型计数器，其状态方程为

$$Q_0^{n+1}=Q_2,\quad Q_1^{n+1}=Q_0,\quad Q_2^{n+1}=Q_1$$

状态表如表解 6－5 所示，状态图如图解 6－5 所示。

图 P6－5(b)：该电路由 D 触发器构成环形计数器，状态方程、状态表、状态图均与图 P6－5(a)相同。

表解 6 - 5

Q_0	Q_1	Q_2	Q_0^{n+1}	Q_1^{n+1}	Q_2^{n+1}
0	0	0	0	0	0
0	0	1	1	0	0
0	1	0	0	0	1
0	1	1	1	0	1
1	0	0	0	1	0
1	0	1	1	1	0
1	1	0	0	1	1
1	1	1	1	1	1

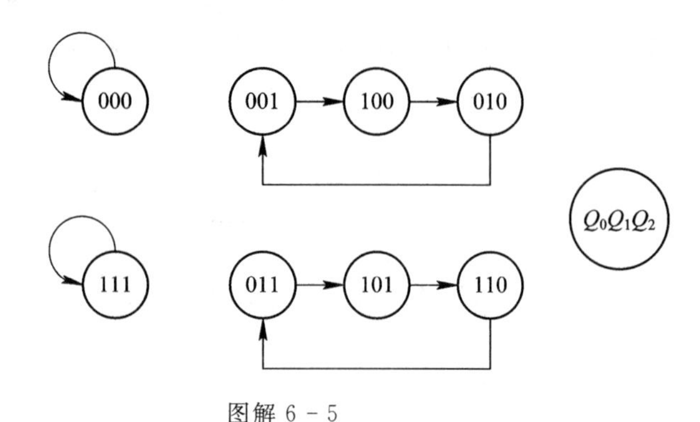

图解 6 - 5

该电路有两个多余循环不能自启动。

6 - 6　分析图 P6 - 6 所示的各扭环形计数器电路，列出状态表，画出状态图，并说明电路能否自启动。

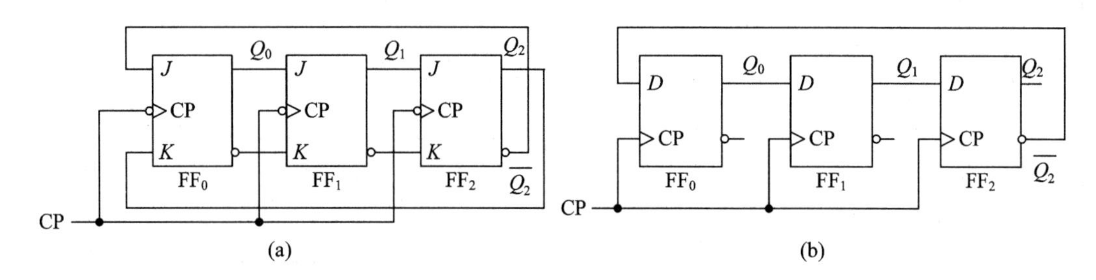

图 P6 - 6

解　图 P6 - 6(a)：该电路由 JK 触发器构成扭环形计数器，其状态方程为

$$Q_0^{n+1}=\overline{Q_2},\quad Q_1^{n+1}=Q_0,\quad Q_2^{n+1}=Q_1$$

状态表如表解 6 - 6 所示，状态图如图解 6 - 6 所示。

图 P6 - 6(b)：该电路由 D 触发器构成扭环形计数器，状态方程、状态表、状态图均与图 P6 - 6(a)的解相同。

该电路不能自启动。

表解 6 - 6

Q_0	Q_1	Q_2	Q_0^{n+1}	Q_1^{n+1}	Q_2^{n+1}
0	0	0	1	0	0
0	0	1	0	0	0
0	1	0	1	0	1
0	1	1	0	0	1
1	0	0	1	1	0
1	0	1	0	1	0
1	1	0	1	1	1
1	1	1	0	1	1

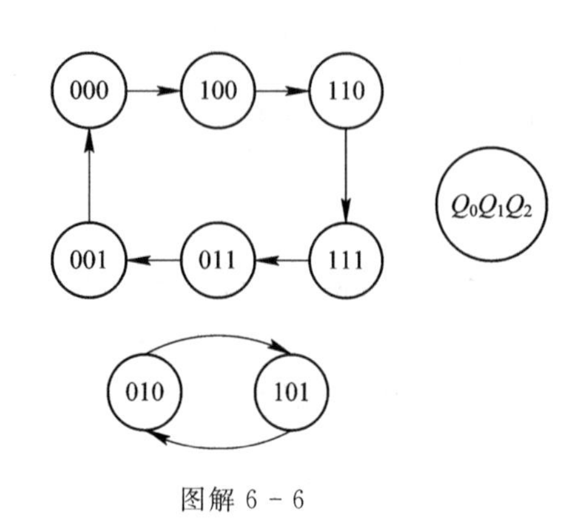

图解 6 - 6

6－7　分析图 P6－7 所示序列检测器电路，求出其状态转移函数和输出函数，列出状态表，画出其状态图，分析电路功能，指出当 X 输入何种序列时，输出 Z 为 1?

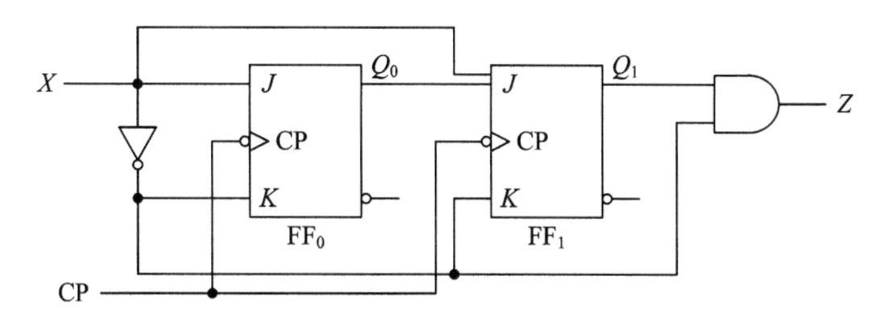

图 P6－7

解　状态方程为

$$Q_0^{n+1} = X$$

$$Q_1^{n+1} = XQ_0 + XQ_1$$

输出函数为

$$Z = \overline{X}Q_1$$

状态表如表解 6－7 所示，状态图如图解 6－7 所示。

表解 6－7

Q_1Q_0 \ X	$Q_1^{n+1}Q_0^{n+1}/Z$	
	0	1
00	00/0	01/0
01	00/0	11/0
10	00/1	11/0
11	00/1	11/0

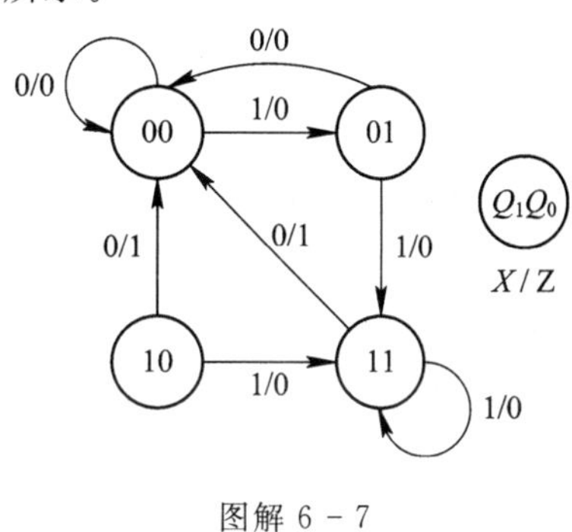

图解 6－7

从状态图可以看出，当 X 输入为 110 时，输出 Z 为 1。所以该电路的逻辑功能为 110 序列检测器。

6－8　分析图 P6－8 所示序列码产生电路，求出其状态转移函数和输出函数，列出状态表，画出状态图，分析电路功能。设初始状态为 000，画出其工作波形图(不少于 8 个时钟脉冲)，指出 Z 输出何种序列码?

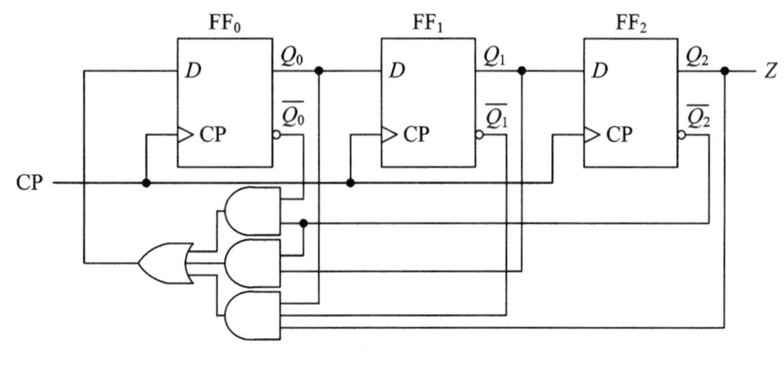

图 P6－8

解　状态方程为

$$Q_0^{n+1}=\bar{Q}_0\bar{Q}_2+Q_1\bar{Q}_2+Q_0\bar{Q}_1Q_2$$

$$Q_1^{n+1}=Q_0$$

$$Q_2^{n+1}=Q_1$$

输出函数为 $Z=Q_2$。

状态表如表解 6－8 所示，状态图和波形图如图解 6－8 所示。

表解 6－8

Q_0	Q_1	Q_2	Q_0^{n+1}	Q_1^{n+1}	Q_2^{n+1}	Z
0	0	0	1	0	0	0
0	0	1	0	0	0	1
0	1	0	1	0	1	0
0	1	1	0	0	1	1
1	0	0	0	1	0	0
1	0	1	1	1	0	1
1	1	0	1	1	1	0
1	1	1	0	1	1	1

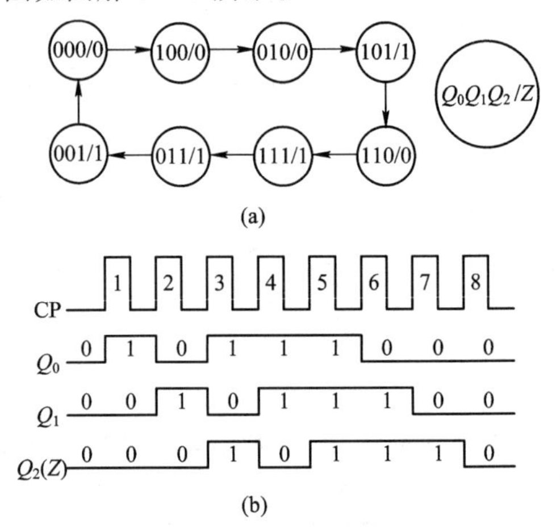

图解 6－8

电路的逻辑功能为：模 8 移位型计数器，也称序列码发生器，循环输出 00010111 序列码。

6－9　分析图 P6－9 所示的脉冲异步时序电路。求出其状态转移函数和输出函数，列出状态表，画出状态图，分析电路功能。设初始状态为 000，画出其工作波形图(不少于 8 个时钟脉冲)。

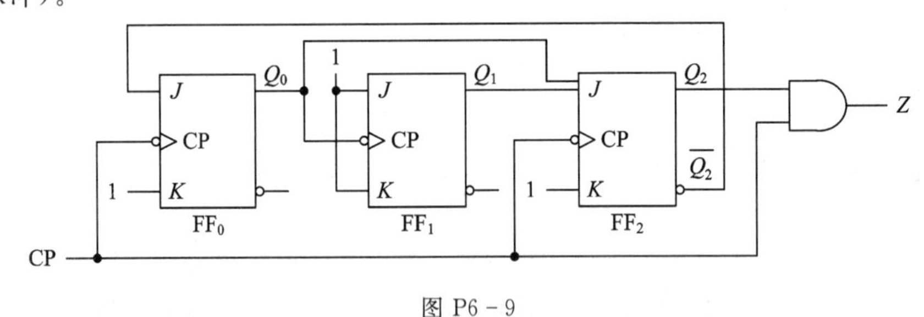

图 P6－9

解　各触发器的激励函数为

$$J_0=\bar{Q}_2,\ J_1=1,\ J_2=Q_0Q_1$$

$$K_0=1,\ K_1=1,\ K_2=1$$

$$CP_0=CP_2=CP$$

$$CP_1=Q_0$$

状态方程为

$$Q_0^{n+1}=\bar{Q}_0\bar{Q}_2CP$$

$$Q_1^{n+1}=\bar{Q}_1CP_1$$

$$Q_2^{n+1}=\bar{Q}_2Q_1Q_0CP$$

输出函数为

$$Z = Q_2 \mathrm{CP}$$

状态表如表解 6－9 所示，状态图、波形图如图解 6－9 所示。

其逻辑功能为：模 5 异步计数器。

表解 6－9

Q_2	Q_1	Q_0	Q_2^{n+1}	Q_1^{n+1}	Q_0^{n+1}
0	0	0	0	0	1
0	0	1	0	1	0
0	1	0	0	1	1
0	1	1	1	0	0
1	0	0	0	0	0
1	0	1	0	1	0
1	1	0	0	1	0
1	1	1	0	0	0

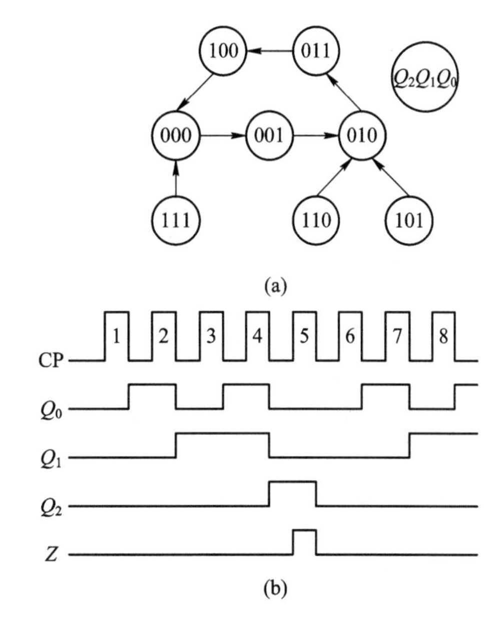

图解 6－9

6－10　建立一个 Moore 型序列检测器的原始状态图，当输入 011 序列时，电路便输出 1。

解　输入 X 和输出 Z 的关系如下：

X　0010011101011

Z　0000001000001

Moore 型 011 序列检测器的原始状态图如图解 6－10 所示。

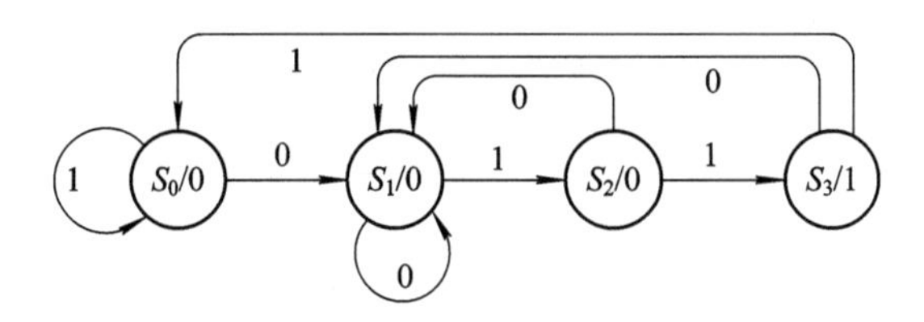

图解 6－10

6－11　建立一个 Mealy 型序列检测器的原始状态图，当输入 1011 序列时，输出为 1。

(1) 序列不重叠(如 Z_1)。

(2) 序列可以重叠(如 Z_2)。

X：　0010110111001011

Z_1：　0000010000000001

Z_2：　0000010010000001

解　Mealy 型 1011 序列检测器的原始状态图如图解 6－11 所示。

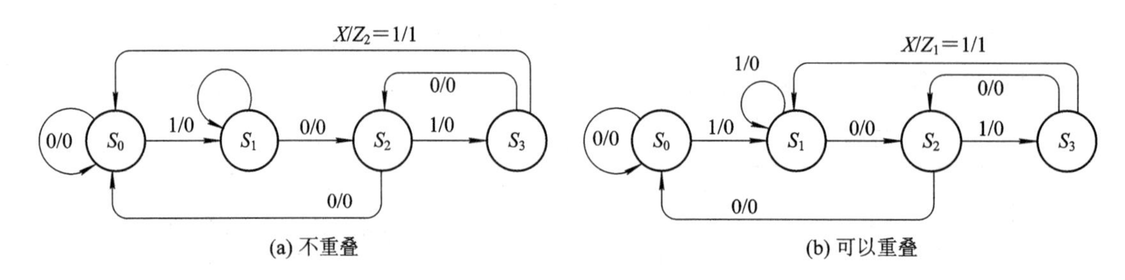

图解 6－11

6－12　将表 P6－12 所示的原始状态表(a)和(b)进行简化。

表 P6－12

(a)

S \ X	S^{n+1}/Z 0	1
A	A/0	E/0
B	E/1	C/1
C	A/1	D/1
D	F/0	G/0
E	B/1	C/1
F	F/0	E/0
G	A/1	D/1

(b)

S \ X	S^{n+1}/Z 0	1
A	B/0	A/0
B	C/0	A/0
C	C/0	B/0
D	E/0	D/1
E	C/0	D/0

解　(1) 最大等价类为[AF]、[BE]、[CG]、[D]，简化状态表如表解 6－12(a)所示。
(2) 最大等价类为 [ABC]、[D]、[E]，简化状态表如表解 6－12(b)所示。

表解 6－12

(a)

S \ X	S^{n+1}/Z 0	1
A	A/0	B/0
B	B/1	C/1
C	A/1	D/1
D	A/0	C/0

(b)

S \ X	S^{n+1}/Z 0	1
A	A/0	A/0
D	E/0	D/1
E	A/0	D/0

6－13　对题 6－12 中得到的最简状态表进行状态分配。

解　(1) 对表解 6－12(a)进行状态分配。

按原则一：AC、AD、DC、BC 相邻。

按原则二：AB、BC、AD、AC 相邻。

按原则三：AD、BC 相邻。

将状态分配填入卡诺图中，分配结果为

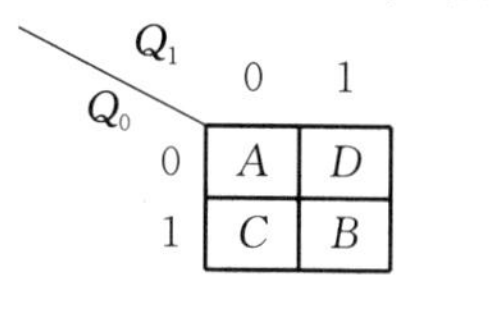

00＝A

01＝C

10＝D

11＝B

可得二进制状态表如表解 6－13(a)所示。

(2) 对表解 6－12(b)进行状态分配。

按原则一：AE、DE 相邻。

按原则二：AD、DE 相邻。

按原则三：AE 相邻。

将状态分配填入卡诺图中，分配结果为

Q_0 \ Q_1	0	1
0	A	E
1		D

00＝A

10＝E

11＝D

可得二进制状态表如表解 6－13(b)所示。

该时序电路为不完全描述时序电路。

表解 6－13

(a)

Q_1Q_0 \ X	$Q_1^{n+1}Q_0^{n+1}/Z$	
	0	1
00	00/0	11/0
01	00/1	10/1
10	00/0	01/0
11	11/1	01/1

(b)

Q_1Q_0 \ X	$Q_1^{n+1}Q_0^{n+1}/Z$	
	0	1
00	00/0	00/0
01	××/×	××/×
10	00/0	11/0
11	10/0	11/1

6－14　试用 D 触发器设计一个时序电路，该时序电路的状态转移规律由表 P6－14 给出。

表 P6－14

Q_2	Q_1	Q_0	Q_2^{n+1}	Q_1^{n+1}	Q_0^{n+1}
0	0	0	0	0	1
0	0	1	0	1	1
0	1	0	0	0	0
0	1	1	1	0	1
1	0	0	0	0	0
1	0	1	1	1	0
1	1	0	0	0	0
1	1	1	0	0	0

解　根据表 P6－14 所示的状态表，画出各触发器的次态卡诺图，如图解 6－14 所示，根据 $D_i=Q_i^{n+1}$ 求得各触发器的激励函数为

$$D_2 = Q_2\bar{Q}_1Q_0 + \bar{Q}_2Q_1Q_0$$

$$D_1 = \bar{Q}_1Q_0$$

$$D_0 = \bar{Q}_2\bar{Q}_1 + \bar{Q}_2Q_0$$

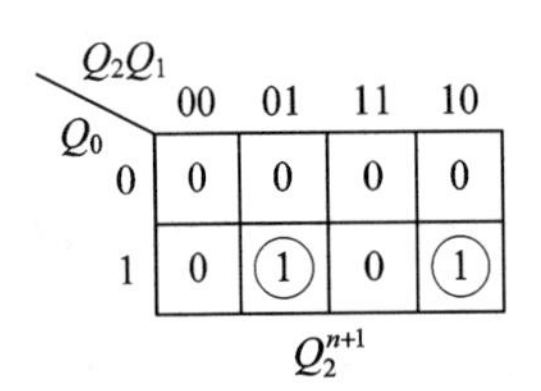

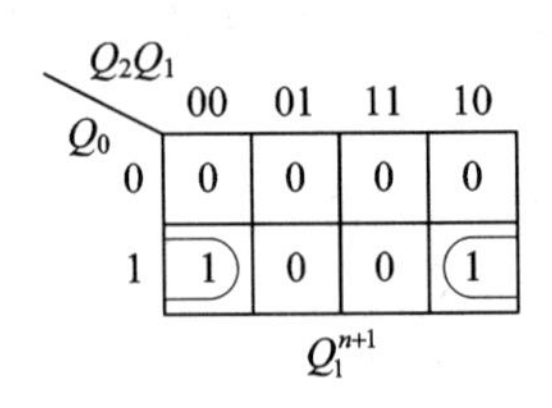

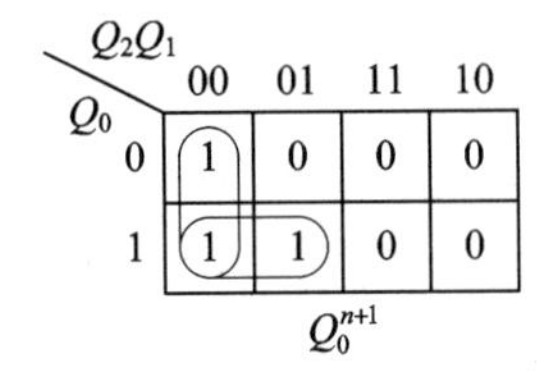

图解 6－14

6－15　试用JK触发器设计一个时序逻辑电路，该时序逻辑电路的状态转移规律由图P6－15给出。

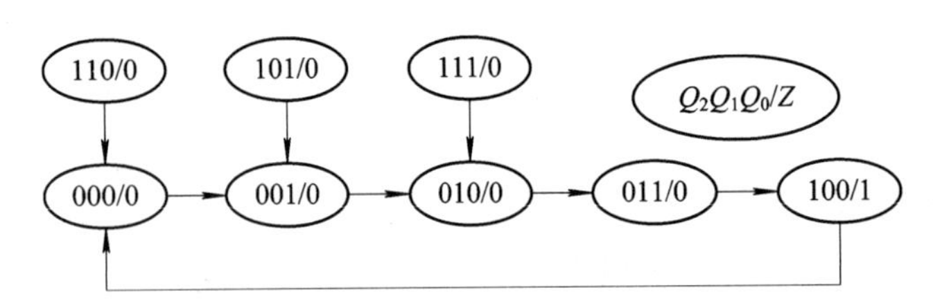

图 P6－15

解　由状态图作出状态转移表，如表解6－15所示。由状态转移表可作出各触发器的次态卡诺图和输出函数卡诺图，如图解6－15所示。

表解 6－15

Q_2	Q_1	Q_0	Q_2^{n+1}	Q_1^{n+1}	Q_0^{n+1}	Z
0	0	0	0	0	1	0
0	0	1	0	1	0	0
0	1	0	0	1	1	0
0	1	1	1	0	0	0
1	0	0	0	0	0	1
1	0	1	0	0	1	0
1	1	0	0	0	0	0
1	1	1	0	1	0	0

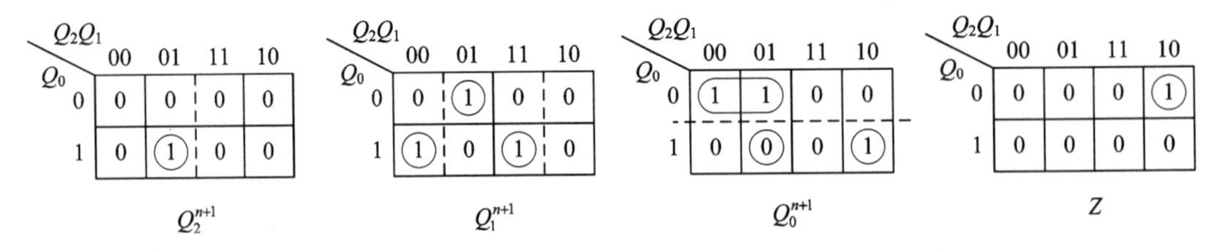

图解 6－15

由图解6－15求得各触发器的状态方程和输出函数，最后求得各触发器的激励函数为

$$Q_2^{n+1}=Q_1Q_0\bar{Q}_2$$

$$Q_1^{n+1}=\bar{Q}_2Q_0\bar{Q}_1+Q_2Q_1Q_0+\bar{Q}_2Q_1\bar{Q}_0=\bar{Q}_2Q_0\bar{Q}_1+\overline{Q_2\oplus Q_0}Q_1$$

$$Q_0^{n+1}=\bar{Q}_2\bar{Q}_0+Q_2\bar{Q}_1Q_0$$

$$Z = Q_2\bar{Q}_1\bar{Q}_0$$

$$J_2 = Q_1Q_0,\quad J_1 = \bar{Q}_2Q_0,\quad J_0 = \bar{Q}_2$$

$$K_2 = 1,\quad K_1 = Q_2 \oplus Q_0,\quad K_0 = \overline{Q_2\bar{Q}_1}$$

6 - 16　设计一个时序逻辑电路，该时序电路的工作波形图由图 P6 - 16 给出。

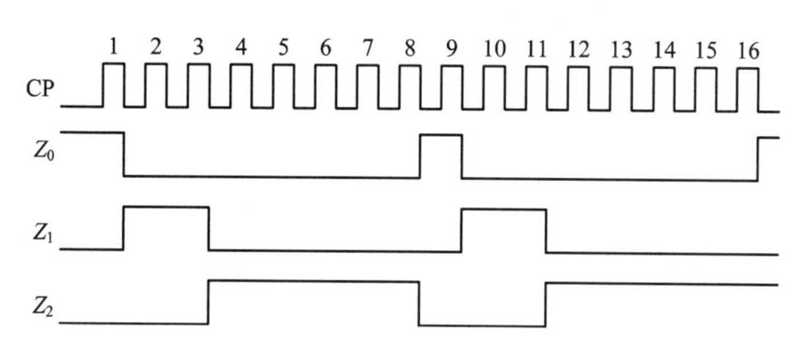

图 P6 - 16

解　该时序电路可视为一个 3 输出的脉冲分配器(也可视为 3 输出序列码发生器)，工作波形的周期为 8 拍，可以用八进制计数器产生 8 个状态作为组合电路的输入，然后通过组合电路产生 3 路输出，其电路结构框图如图解 6 - 16 所示，组合电路的真值表如表解 6 - 16 所示。

表解 6 - 16

Q_2	Q_1	Q_0	Z_2	Z_1	Z_0
0	0	0	0	0	1
0	0	1	0	1	0
0	1	0	0	1	0
0	1	1	1	0	0
1	0	0	1	0	0
1	0	1	1	0	0
1	1	0	1	0	0
1	1	1	1	0	0

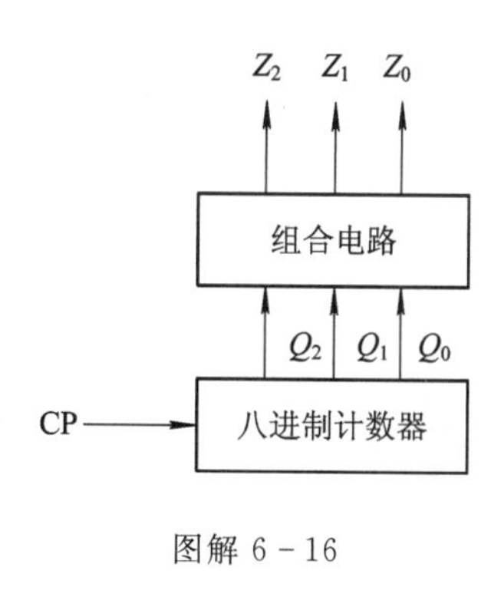

图解 6 - 16

由真值表可求出各输出函数表达式为

$$Z_0 = \bar{Q}_2 \cdot \bar{Q}_1 \cdot \bar{Q}_0$$

$$Z_1 = \bar{Q}_2 \cdot Q_1 \cdot \bar{Q}_0 + \bar{Q}_2 \cdot \bar{Q}_1 \cdot Q_0$$

$$Z_2 = Q_2 + Q_1Q_0$$

注意：八进制计数器的设计过程及逻辑电路图略。

6 - 17　试用 D 触发器设计一个余 3 码 BCD 计数器。

解　余 3 码 BCD 计数器的状态转移表如表解 6 - 17(a)所示。

根据状态转移表画出各触发器的次态卡诺图，可求得各触发器的激励函数为

$$J_3 = Q_2Q_1Q_0,\quad J_2 = Q_1Q_0,\quad J_1 = Q_3Q_2 + Q_0,\quad J_0 = 1$$

$$K_3 = Q_2,\quad K_2 = Q_3 + Q_1Q_0,\quad K_1 = Q_0,\quad K_0 = 1$$

对于不描述的 6 种多余状态，检查结果如表解 6 - 17(b)所示。可见，该电路具有自启动能力。

表解 6 - 17

(a)

Q_3	Q_2	Q_1	Q_0	Q_3^{n+1}	Q_2^{n+1}	Q_1^{n+1}	Q_0^{n+1}
0	0	0	0	×	×	×	×
0	0	0	1	×	×	×	×
0	0	1	0	×	×	×	×
0	0	1	1	0	1	0	0
0	1	0	0	0	1	0	1
0	1	0	1	0	1	1	0
0	1	1	0	0	1	1	1
0	1	1	1	1	0	0	0
1	0	0	0	1	0	0	1
1	0	0	1	1	0	1	0
1	0	1	0	1	0	1	1
1	0	1	1	1	1	0	0
1	1	0	0	0	0	1	1
1	1	0	1	×	×	×	×
1	1	1	0	×	×	×	×
1	1	1	1	×	×	×	×

(b)

Q_3	Q_2	Q_1	Q_0	Q_3^{n+1}	Q_2^{n+1}	Q_1^{n+1}	Q_0^{n+1}
0	0	0	0	0	0	0	1
0	0	0	1	0	0	1	0
0	0	1	0	0	0	1	1
1	1	0	1	0	0	1	0
1	1	1	0	0	0	1	1
1	1	1	1	0	0	0	0

6 - 18　试用 JK 触发器设计一个可控计数器，当控制信号 $M=0$ 时工作在五进制，当 $M=1$ 时工作在六进制。

解　可控计数器的状态转移表如表解 6 - 18 所示(该状态转移表将多余状态的转移指定为 000 状态，构成一个完全描述时序电路)。

根据状态转移表画出各触发器的次态卡诺图，可求得各触发器的激励函数为

$$J_2 = Q_1 Q_0$$
$$K_2 = \bar{M} + Q_1 + Q_0$$
$$J_1 = \bar{Q}_2 Q_0$$
$$K_1 = Q_2 + Q_0$$
$$J_0 = \bar{Q}_2 + M\bar{Q}_1$$
$$K_0 = 1$$

表解 6 - 18

M	Q_2	Q_1	Q_0	Q_2^{n+1}	Q_1^{n+1}	Q_0^{n+1}	M	Q_2	Q_1	Q_0	Q_2^{n+1}	Q_1^{n+1}	Q_0^{n+1}
0	0	0	0	0	0	1	1	0	0	0	0	0	1
0	0	0	1	0	1	0	1	0	0	1	0	1	0
0	0	1	0	0	1	1	1	0	1	0	0	1	1
0	0	1	1	1	0	0	1	0	1	1	1	0	0
0	1	0	0	0	0	0	1	1	0	0	1	0	1
0	1	0	1	0	0	0	1	1	0	1	0	0	0
0	1	1	0	0	0	0	1	1	1	0	0	0	0
0	1	1	1	0	0	0	1	1	1	1	0	0	0

6 - 19　设计一个序列信号发生器，该序列信号发生器产生的序列信号为 0100111。

解　方法(1)：采用移位型结构。状态转移图如图解 6 - 19(1)所示，状态转移表如表

解 6 - 19 所示，各触发器的次态卡诺图如图解 6 - 19(2)所示。

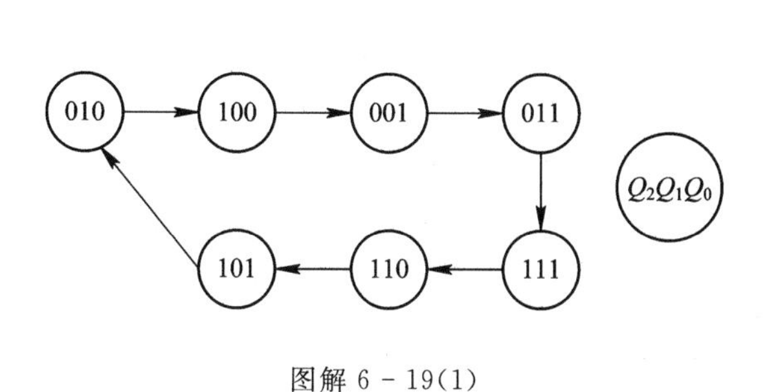

图解 6 - 19(1)

表解 6 - 19

Q_2	Q_1	Q_0	Q_2^{n+1}	Q_1^{n+1}	Q_0^{n+1}
0	0	0	×	×	×
0	0	1	0	1	1
0	1	0	1	0	0
0	1	1	1	1	1
1	0	0	0	0	1
1	0	1	0	1	0
1	1	0	1	0	1
1	1	1	1	1	0

Q_0 \ Q_2Q_1	00	01	11	10
0	×	1	1	0
1	0	1	1	0

Q_2^{n+1}

(a)

Q_0 \ Q_2Q_1	00	01	11	10
0	×	0	0	0
1	1	1	1	1

Q_1^{n+1}

(b)

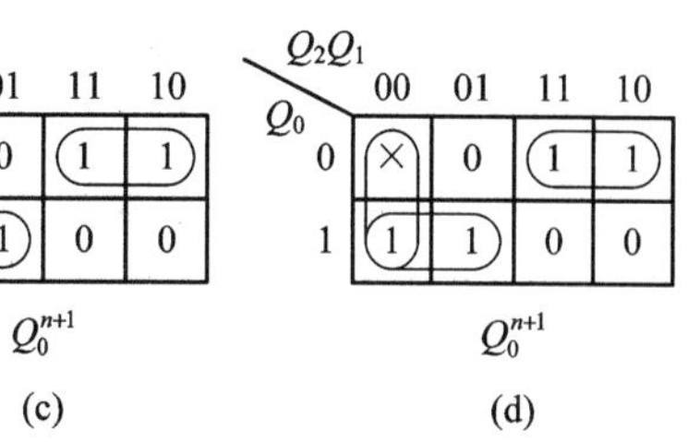

图解 6 - 19(2)

可求得各触发器的激励函数为

$$D_2 = Q_1$$

$$D_1 = Q_0$$

$$D_0 = Q_2\overline{Q}_0 + \overline{Q}_2 Q_0$$

检查多余状态 000→000 电路存在死循环。为消除死循环，可改变 Q_0^{n+1} 的圈法，如图解 6 - 19(2)(*d*) 所示，此时 000→001，因此电路具有自启动能力。最后求得各触发器的激励函数为

$$D_2 = Q_1$$

$$D_1 = Q_0$$

$$D_0 = Q_2\overline{Q}_0 + \overline{Q}_2 Q_0 + \overline{Q}_2\overline{Q}_1$$

方法(2)：采用计数型结构，用计数 - 译码方式实现。(设计过程略。)

6 - 20　试用 D 触发器设计一个序列检测器，该检测器有一串行输入 X、一个输出 Z，当检测到 0100111 时输出为 1。输入和输出的关系也可用下式表示：

输入 X：　010001001111000

输出 Z：　000000000010000

解　序列信号检测器的设计有两种方法。

方法(1)：根据序列检测的要求建立原始状态图，得原始状态表，对原始状态表进行化简和状态分配，最后根据状态表求得各触发器的激励函数。

方法(2)：将需要检测的序列信号送入移位寄存器，再用组合电路进行判断。该方法设计的电路结构简单，易于调试，因此得到了广泛应用。根据本题要求可直接获得检测电路，如图解 6 - 20 所示。

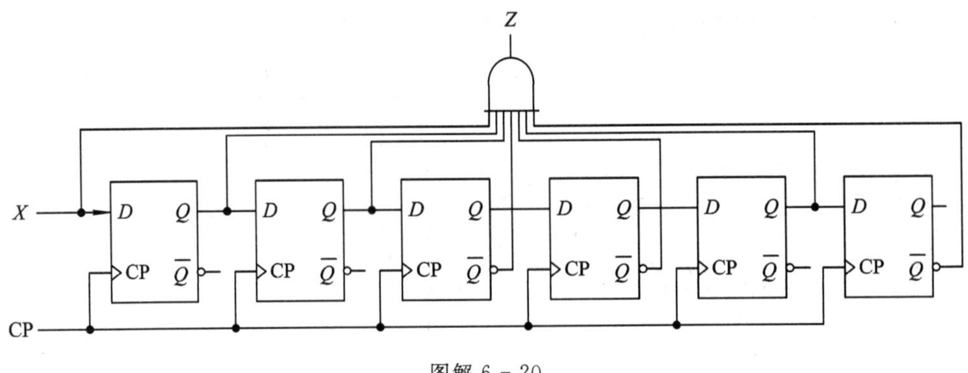

图解 6 - 20

工作过程：输入信号 X 在位同步信号的作用下将前 6 位数码移入移位寄存器，连同当前的输入 X(第 7 位数码)送入与门进行逻辑判断，仅当输入序列为 0100111 时，$Z=1$。因此实现了对序列信号的检测。

6 - 21　设计一个时序电路，它有两个输入 X_1 和 X_0、一个输出 Z。只有当 X_1 输入 3 个(或 3 个以上)1 后，X_0 再输入一个 1 时，输出 Z 为 1，而在同一时刻两个输入不同时为 1，一旦 $Z=1$，电路就回到原始状态。这里，X_1 输入 3 个 1 并不要求连续，只要其间没有 $X_0=1$ 插入即可。

解　设状态 A 为初始状态，表示没有收到有效信号，状态 B 为收到了 X_1 输入一个有效的 1，状态 C 为收到了 X_1 输入两个有效的 1，状态 D 为收到了 X_1 输入 3 个有效的 1。

可得原始状态图如图解 6 - 21(a)所示，原始状态表如表解 6 - 21(a)所示。原始状态表已是最简状态表，用两个状态变量 Q_1Q_0 进行编码，代码分配如下：

$$A=00,\ B=01,\ C=10,\ D=11$$

可得二进制状态表如表解 6 - 21(b)所示，各触发器的次态卡诺图和输出函数卡诺图如图解 6 - 21(b)所示。

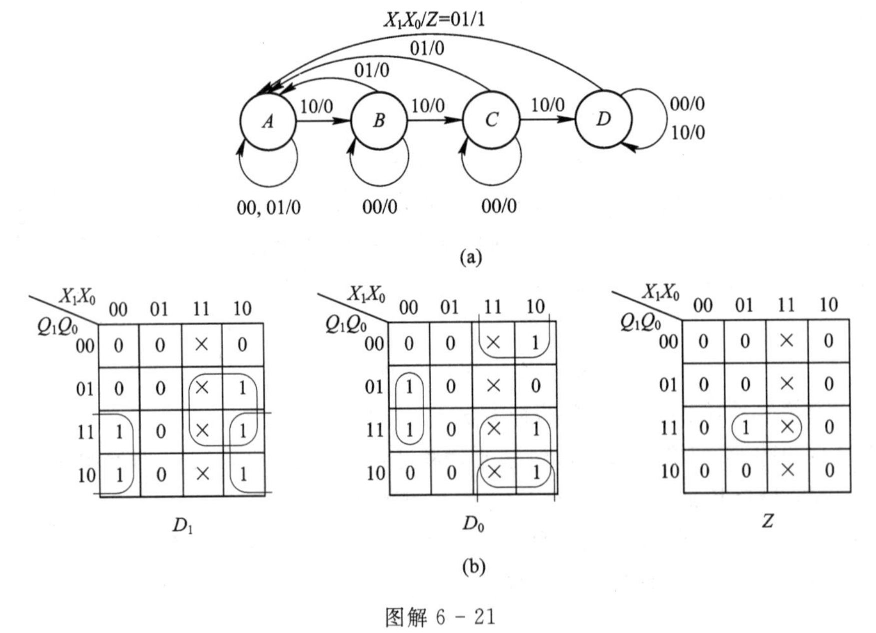

图解 6 - 21

表解 6-21

(a)

S \ X_1X_0	S^{n+1}/Z 00	01	10	11
A	$A/0$	$A/0$	$B/0$	×
B	$B/0$	$A/0$	$C/0$	×
C	$C/0$	$A/0$	$D/0$	×
D	$D/0$	$A/1$	$D/0$	×

(b)

Q_1Q_0 \ X_1X_0	$Q_1^{n+1}Q_0^{n+1}/Z$ 00	01	10	11
00	00/0	00/0	01/0	×
01	01/0	00/0	10/0	×
10	10/0	00/0	11/0	×
11	11/0	00/1	11/0	×

采用D触发器实现电路，求得各触发器的激励函数和输出函数表达式为

$$D_1 = X_1Q_0 + \overline{X}_0Q_1$$

$$D_0 = \overline{X}_1\overline{X}_0Q_0 + X_1\overline{Q}_0 + X_1Q_1$$

$$Z = X_0Q_1Q_0$$

6-22 试用74LS160分别构成模8、9计数器。要求每种模值用两种方案实现，画出相应的逻辑电路及时序图。

解 74LS160为十进制集成计数器，它具有异步清零和同步置数功能，因此可采用异步清零法和同步置数法实现任意模值计数器。74LS160的置数状态可以在0000～1001中任选一个，所以同步置数法实现的方案也很多。由于异步清零法存在过渡态，波形有毛刺，因此通常采用同步置数法。下面均用同步置数法中的同步置零法和 O_C 置数法两种方法实现各模值计数器。

(1) $M=8$，两种方案的态序表及电路如图解6-22(a)所示。

(2) $M=9$，两种方案的态序表及电路如图解6-22(b)所示。

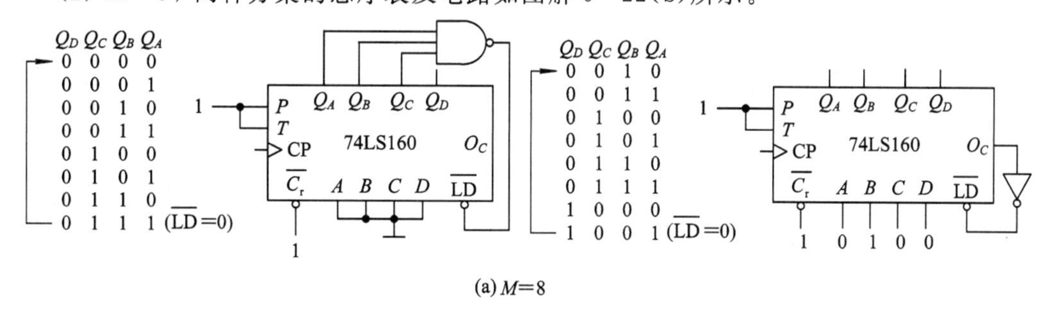

(a) $M=8$

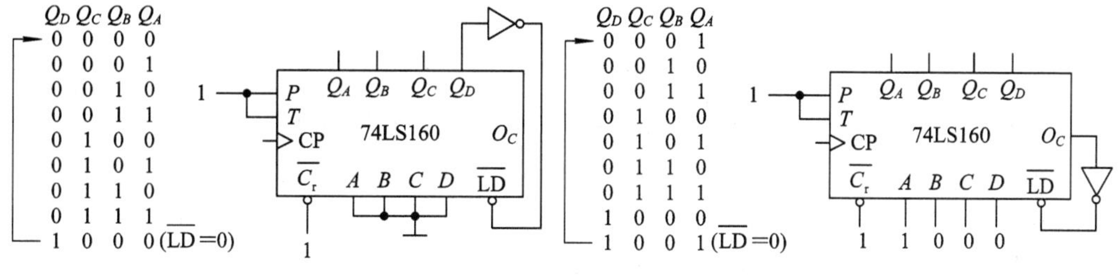

(b) $M=9$

图解 6-22

6－23　试用74LS160设计一个模35计数器。画出相应的逻辑电路，指出计数器的状态变化范围。

解　电路如图解6－23所示。该电路需要用两片74LS160，采用同步级联整体置零法构成模35计数器。计数器输出 $Q_D'\cdots Q_A'Q_D\cdots Q_A$ 的变化范围是00000000～00110100。计数器从全0计到34时使两片$\overline{\text{LD}}$同时为0，等下一个CP到来时将 $D'\cdots A'D\cdots A$ 的预置输入(全0)送至输出端，计数器重新从0开始计数。

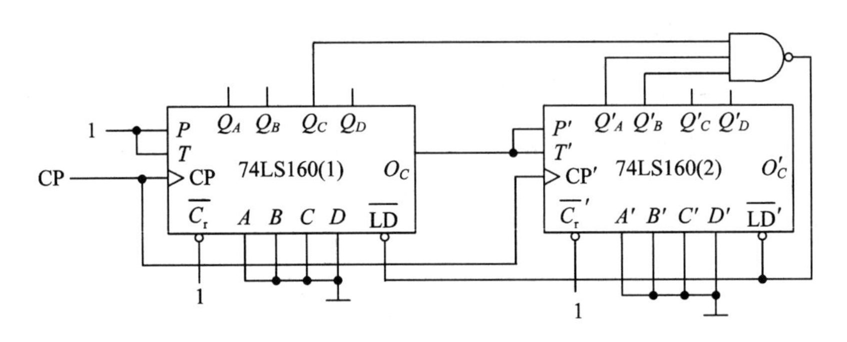

图解6－23

6－24　试用74LS161分别构成模10、24计数器。要求每种模值用两种方案实现。画出相应的逻辑电路及时序图。

解　74LS161为二进制集成计数器，用它构成任意模值计数器的方法与习题6－22的题解方法相同。与74LS160不同的是，74LS161的置数状态可以在0000～1111中任选一个。

(1) $M=10$，两种方案的态序表及电路图如图解6－24(1)所示。

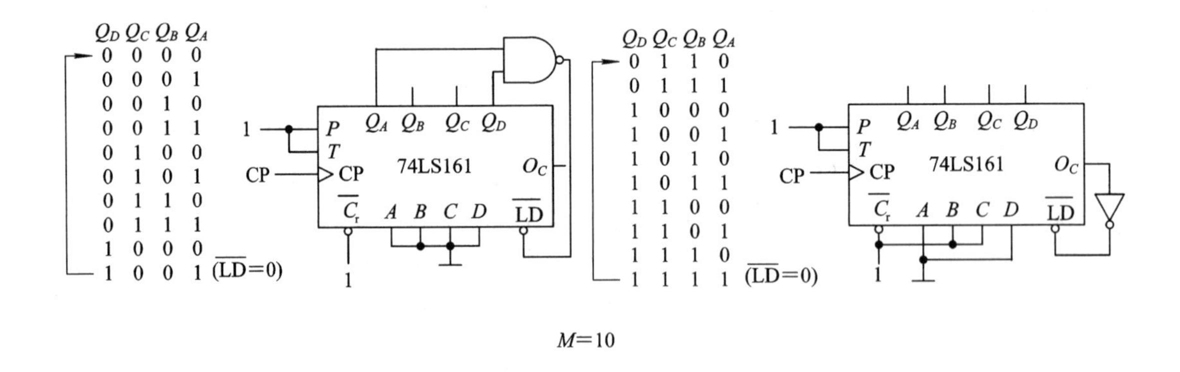

$M=10$

图解6－24(1)

(2) $M=24$，用2片74LS161同步级联实现，方案①采用 O_C 置数法计数范围($q_7q_6\cdots q_0=Q_D'\sim Q_A'\ Q_D\sim Q_A$)为11101000～11111111，电路图及仿真时序图如图解6－24(2)(a)所示。方案②采用异步清零法，计数范围为00000000～00010111，过渡态00011000只出现短暂瞬间，电路图及仿真时序图如图解6－24(2)(b)所示。

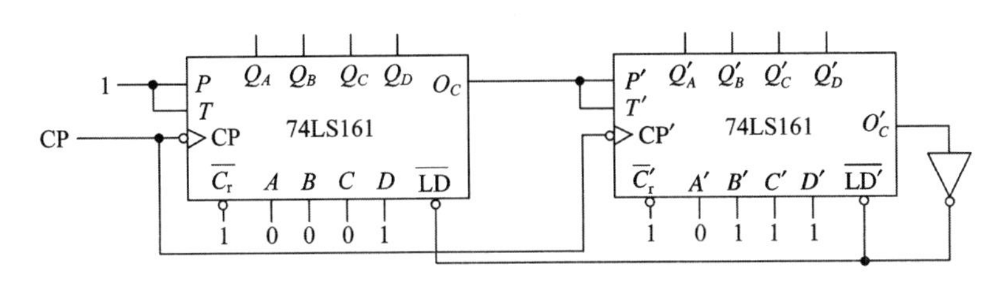

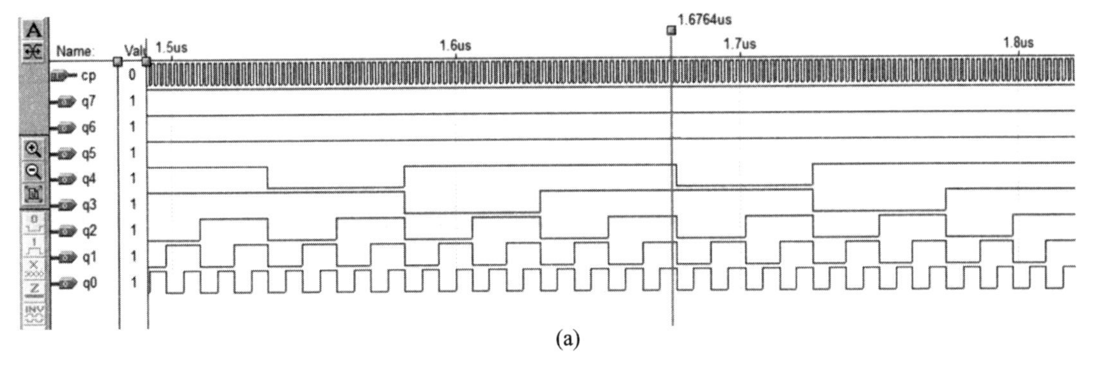

(a)

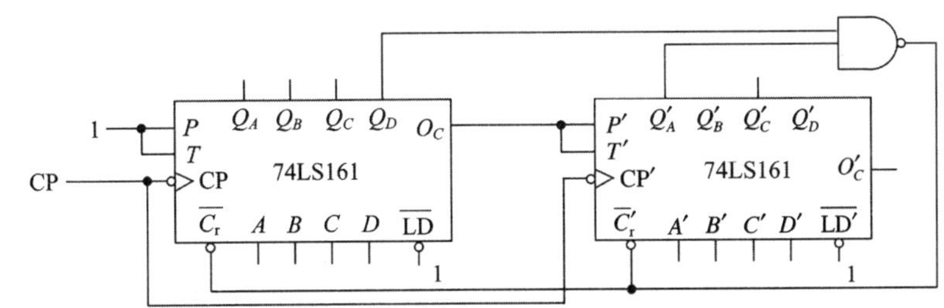

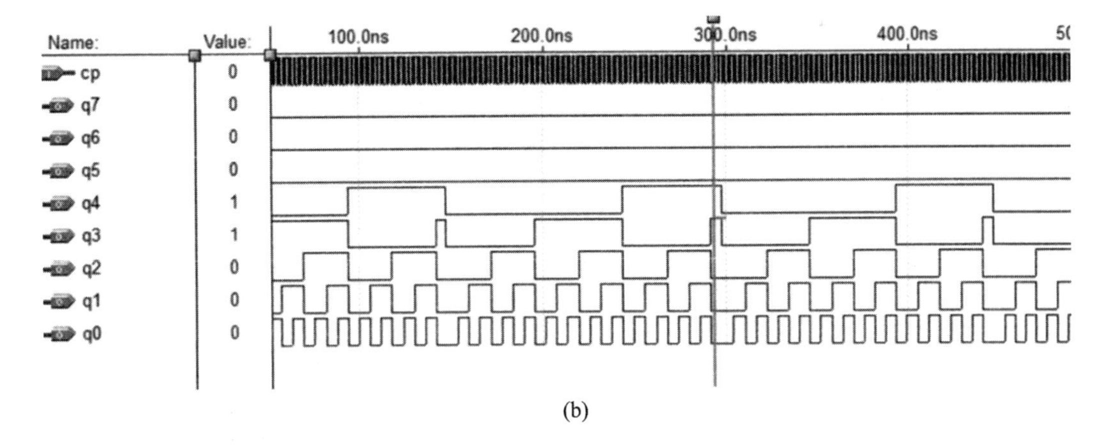

(b)

图解 6 - 24(2)

6 - 25　试用 74LS161 构成模 60 的 8421BCD 码计数器，画出逻辑电路，试用 EDA 仿真软件进行仿真并作出仿真时序图。

解　因 74LS161 为二进制计数器，用两片 74LS161 级联时首先要使低位片逢十进一，即低位片计满 10 个状态后高位片就开始工作。为避免产生毛刺可采用两片同步级联，整体置数法实现，逻辑电路图如图解 6 - 25(a)所示，仿真时序图如图解 6 - 25(b)所示。从仿真图中可见，电路输出状态（$q_7q_6\cdots q_0$）变化范围是 00000000～01011001，实现了模 60 8421BCD 码计数。

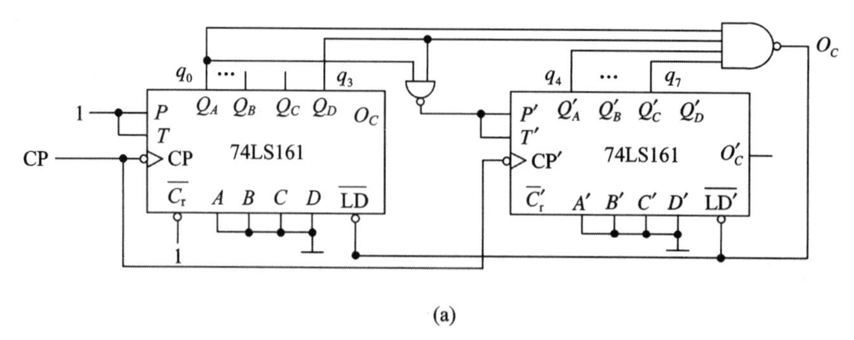

(a)

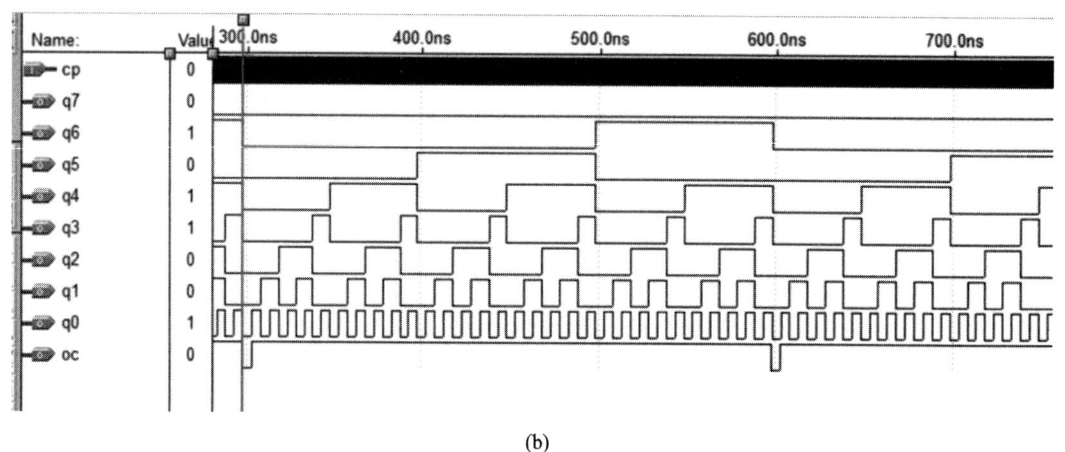

(b)

图解 6-25

6-26　试分析图 P6-26 所示的计数器。

(1) 求出计数器的模值 M。

(2) 若将 74LS161 换成 74LS160，求出计数器的模值。

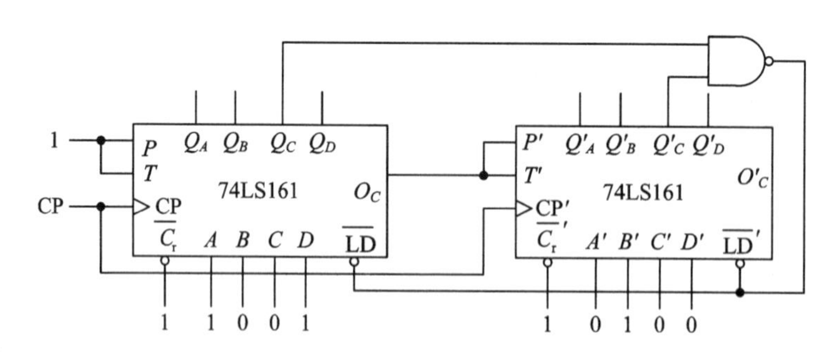

图 P6-26

解　(1) 该计数器由两片 74LS161 同步级联，采用整体同步预置法计数，除第一个周期从全 0 开始计数外，计数器输出 $Q_D'\cdots Q_A'Q_D\cdots Q_A$ 的变化范围是 00101001～01000100，每次计到 01000100 同步置数。因初态为$(00101001)_2=41$，末态为$(01000100)_2=68$，故 M=末态－初态＋1=68－41＋1=28。

(2) 若将 74LS161 换成 74LS160，其他连接不变，则电路为十进制计数器，输出状态为 8421 BCD 码，当计数范围仍为 00101001～01000100 时，初态$(00101001)_{8421\ BCD}=29$，末态$(01000100)_{8421\ BCD}=44$，故 M=末态－初态＋1＝44－29＋1＝16。

6-27 图 P6-27 为可编程分频器。

(1) 求出该电路的分频系数。若分频系数为 55，计数器的预置值应如何确定？

(2) 将 74LS163 换成 74LS162，并重复(1)。

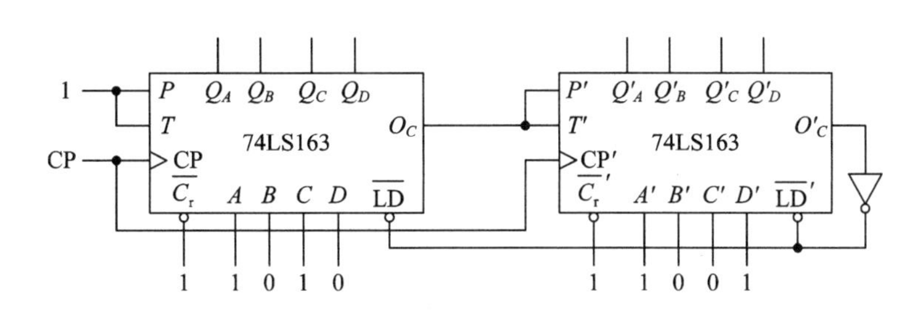

图 P6-27

解 (1) 图 P6-27 为两片二进制计数器 74LS163 同步级联，整体同步预置，当计数到 255(11111111)时同步置数 149(10010101)，$M=16^2$－预置输入数＝256－149＝107，故分频系数为 107。若分频系数为 55，则预置输入数$=16^2-M=256-55=201$，即 $D'\cdots A'D\cdots A$ 应为 11001001。

(2) 若将 74LS163 换为 74LS162，则电路为十进制计数器，输出状态为 8421 BCD 码，其计数范围为 10010101～10011001。因初态$(10010101)_{8421\ BCD}=95$，末态$(10011001)_{8421\ BCD}=99$，$M$=末态－初态＋1＝99－95＋1＝5，故分频系数为 5。若分频系数为 55，则预置输入数$=100-M=100-55=45$，即 $D'\cdots A'D\cdots A$ 应为 01000101。

6-28 集成寄存器 74LS373、74LS374、74LS379 有何区别？试画出仿真波形图，并说明它们有哪些用途？

解 三种集成寄存器的引脚图和功能表分别如图解 6-28(1)(a)、(b)、(c)所示，其仿真图如图解 6-28(2)(a)、(b)、(c)所示。

① 74LS373 由 8 个电位型数据锁存器组成。OEN 为输出允许信号，低有效。当 OEN 为低时，内部锁存器的内容允许输出，否则输出端呈高阻状态；G 为锁存允许信号，高有效；当 OEN＝0，$G=1$ 时，数据输入端(D_i)的信号直接传送至输出端 Q_i，OEN＝0、$G=0$ 时，输出端保持原态，即 $Q_i^{n+1}=Q_i$。

② 74LS374 内含 8 个 D 触发器，共用一个时钟输入，上升沿有效；OE 为输出允许控制信号，低有效，仅当 OE 为低时，内部触发器的状态输出，否则输出为高阻状态。当 OE＝0，CLK 上升沿到达时，$Q_i^{n+1}=D_i$，CLK＝0 时，$Q_i^{n+1}=Q_i$，保持原态；当 OE＝1 时，输出为高阻 Z。

③ 74LS379 内含 4 个 D 触发器，共用一个时钟输入，上升沿有效；OE 为使能端，低有效，当 OE＝0，CLK 上升沿到达时，$Q_i^{n+1}=D_i$，CLK＝0 时，$Q_i^{n+1}=Q_i$，保持原态；当 OE＝1 时，$Q_i^{n+1}=Q_i$ 保持原态。

三种寄存器都可用作并行数据锁存器，也可作为 D 触发器使用。

① 74LS373—八 D 型锁存器(3 态，公共控制)

输 入			输出
OEN	G	D_i	Q_i^{n+1}
L	H	H	H
L	H	L	L
L	L	×	Q_i
H	×	×	Z

74LS373

D_1 D_2 D_3 D_4 D_5 D_6 D_7 D_8 OEN G

Q_1 Q_2 Q_3 Q_4 Q_5 Q_6 Q_7 Q_8

2 DLATCH

(a)

② 74LS374—八 D 型触发器(3 态)

输 入			输出
OE	CLK	D_i	Q_i^{n+1}
L	↑	H	H
L	↑	L	L
L	L	×	Q_i
H	×	×	Z

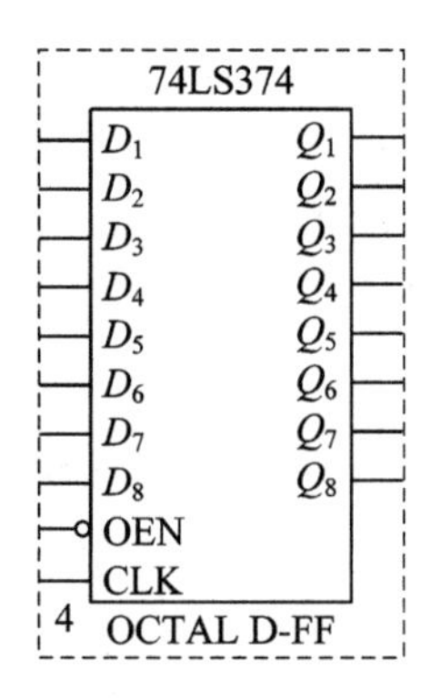

(b)

③ 74LS379—四 D 型触发器(带使能端)

输 入			输出
OE	CLK	D_i	Q_i^{n+1}
H	×	×	Q_i
L	↑	H	H
L	↑	L	L
×	L	×	Q_i

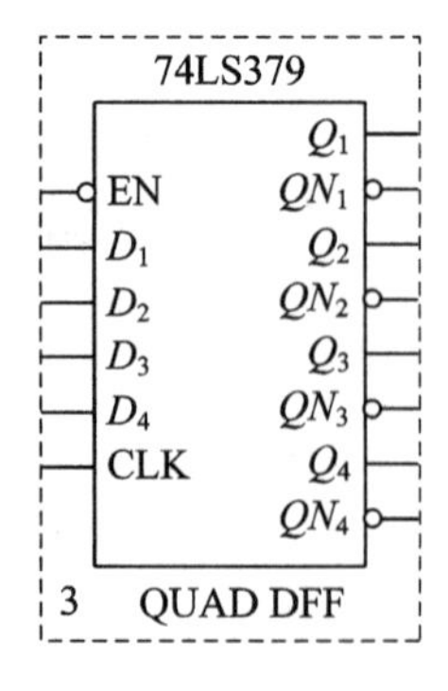

(c)

图解 6-28(1)

74LS373 仿真图

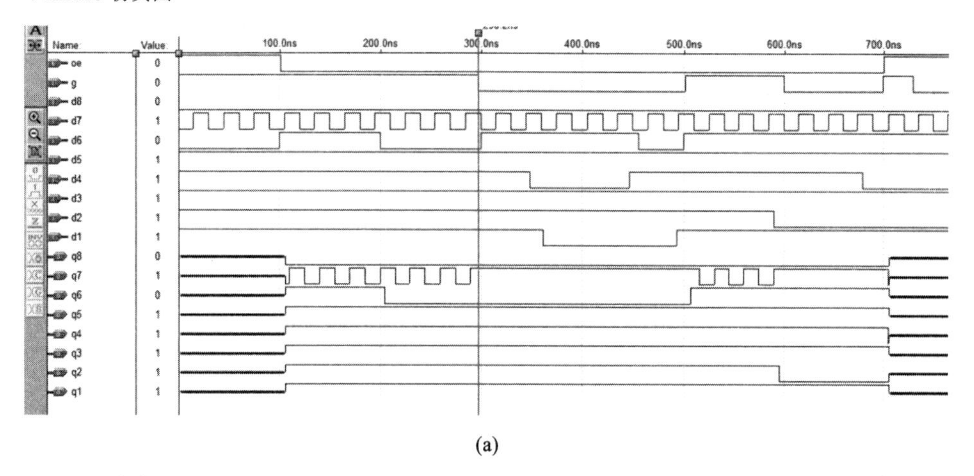

(a)

74LS374 仿真图

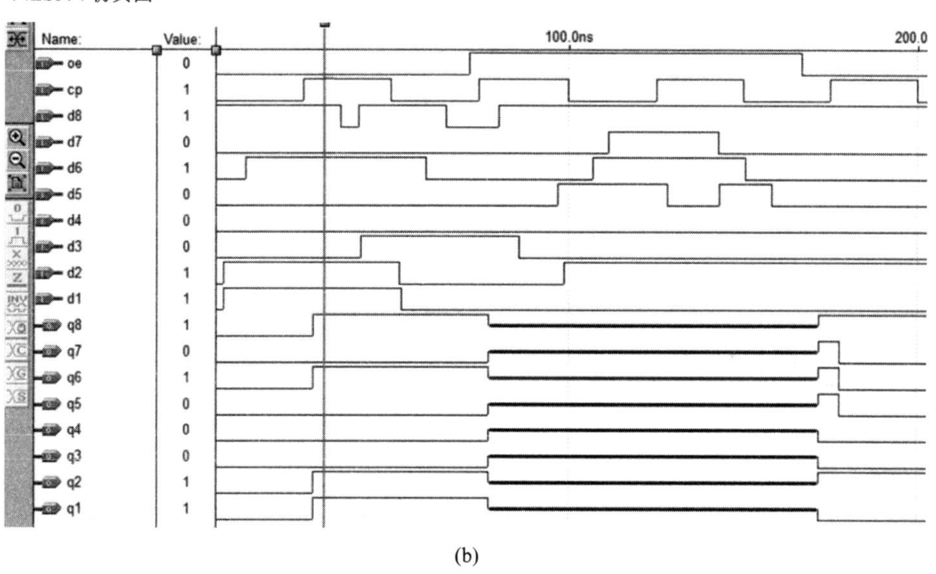

(b)

74LS379 仿真图

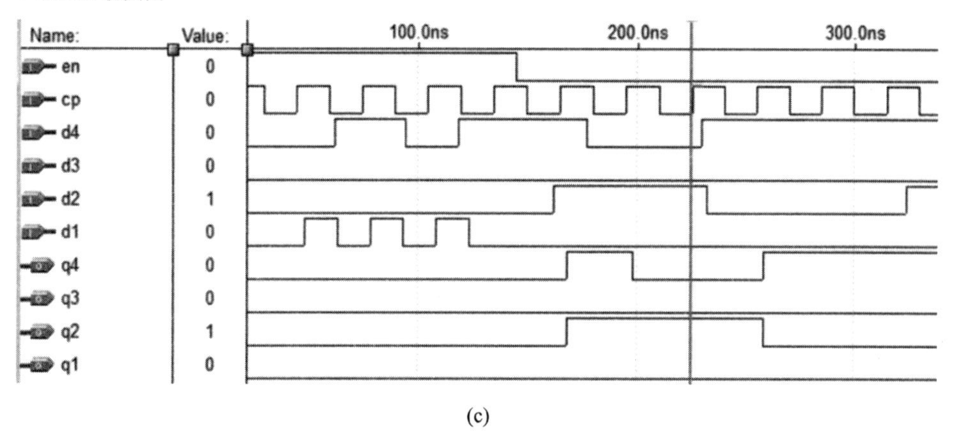

(c)

图解 6-28(2)

6-29　试用74LS194分别构成模6、9、12移位型计数器。

解　方法(1)：用典型的移位型计数器实现。

M 为偶数时，可用扭环形计数器实现，触发器数 $n=\frac{M}{2}$。

M 为奇数时，可用奇数分频器实现，触发器数 $n=\frac{M+1}{2}$。

例如：$M=6$ 时，$n=3$，可用一片74LS194构成扭环形计数器实现；

$M=9$ 时，$n=5$，可用两片74LS194构成奇数分频器实现；

$M=12$ 时，$n=6$，可用两片74LS194构成扭环形计数器实现。

其电路图分别如图解6-29(1)(a)、(b)、(c)所示。与门的作用是使电路具有自启动能力。

方法(2)：按照一般移位型计数器设计(参见教材)。n 个触发器组成的移位型计数器最多有 2^n 个状态，并可以根据左移(或右移)的输入逻辑画出全状态图。设计模 M 移位型计数器时，只需在全状态图中选择 M 个状态的闭合循环，并根据移位输入设计出组合控制逻辑即可实现电路。

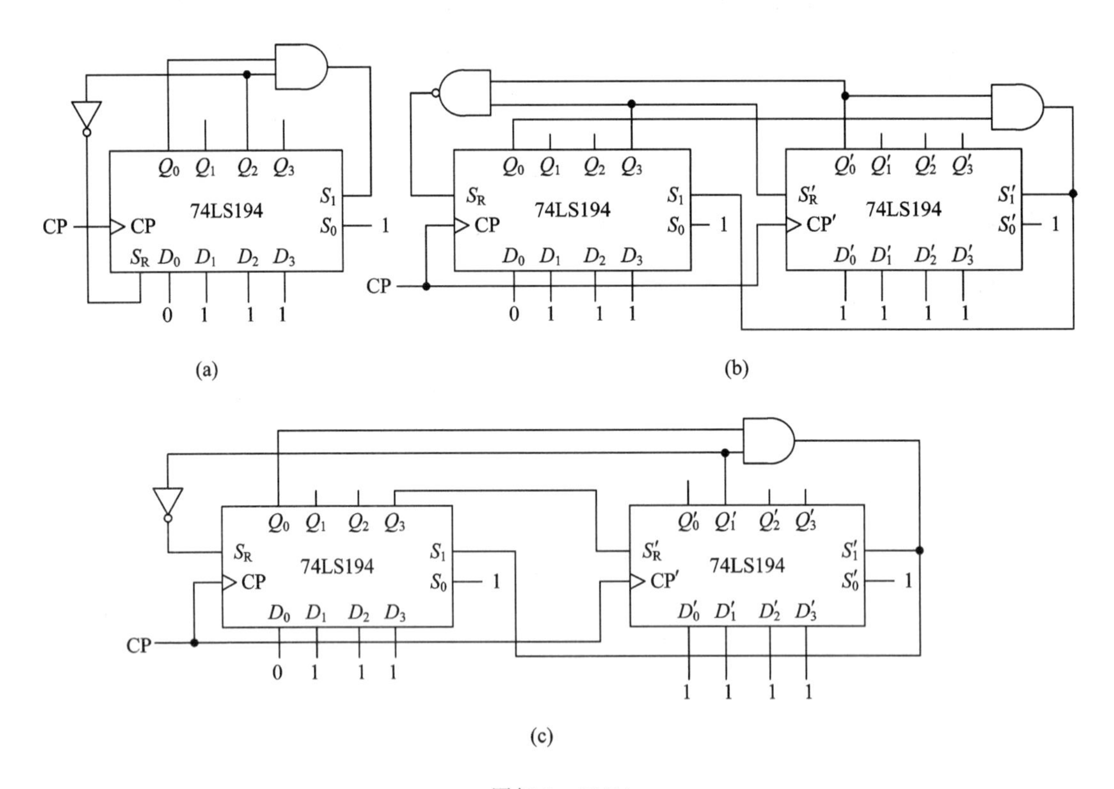

图解6-29(1)

例如，$n=3$ 的左移移位型计数器 $Q_1Q_2Q_3$ 的全状态图如图解6-29(2)(a)所示，箭头边的指示是 S_L。若设计 $M=6$ 的移位型计数器，则可以在该全状态图中选择一种6个状态的闭合循环。若选择初态为001，则当左移输入 S_L 的序列为011001时，计数器在 001→010→101→011→110→100 6个状态中循环，因此可以列出移位型计数器的态序表和左移反馈函数表如图解 6 - 29(2)(b)所示。为了使电路具有自启动能力，可将多余状态指定进入有效循环中。根据反馈函数表画出 S_L 的卡诺图如图解 6 - 29(2)(c)所示，求得 $S_L=\overline{Q}_1\overline{Q}_3+Q_1\overline{Q}_2$。最后画逻辑电路，采用一片 74LS194 和少量门电路构成的 $M=6$ 移位型计数器如图解6 - 29(2)(d) 所示。

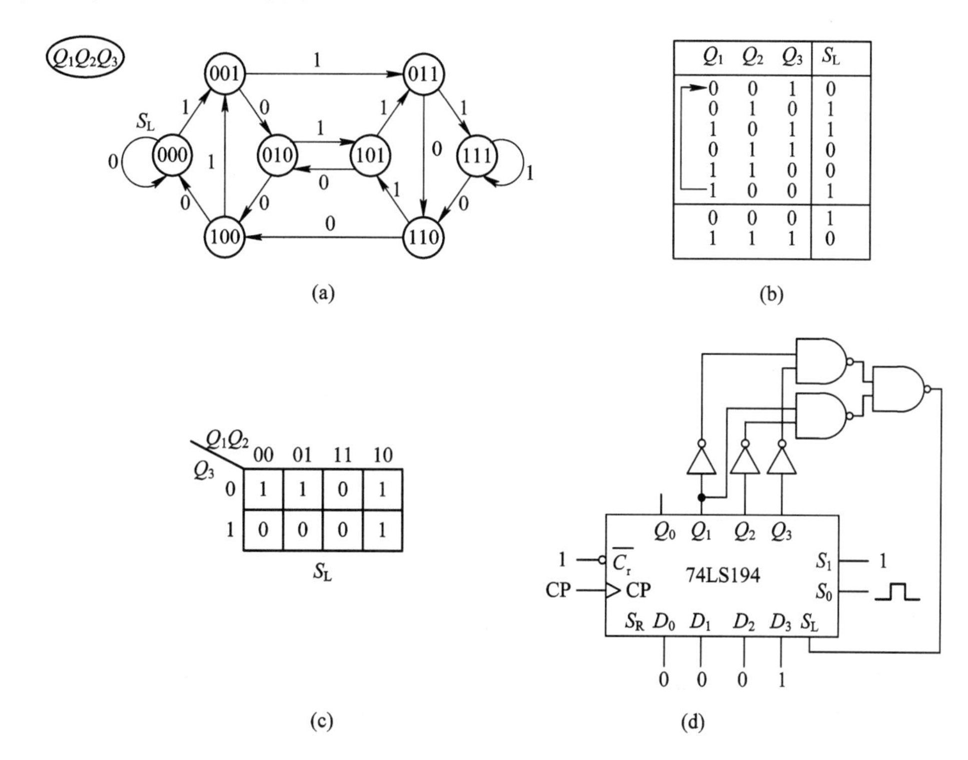

Q_1	Q_2	Q_3	S_L
0	0	1	0
0	1	0	1
1	0	1	1
0	1	1	0
1	1	0	0
1	0	0	1
0	0	0	1
1	1	1	0

Q_3 \ Q_1Q_2	00	01	11	10
0	1	1	0	1
1	0	0	0	1

图解 6 - 29(2)

方法(2)比方法(1)复杂，但可以减少 74LS194 的芯片数。

6 - 30　试分析图 P6 - 30 所示的计数器，列出态序表，画出状态图，并说明这是什么类型的计数器，计数器的模值 M 为多少。

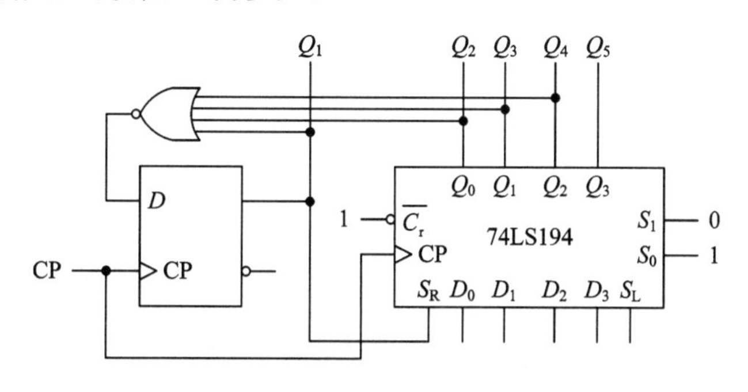

图 P6 - 30

解　从图 P6 - 30 中可看出，$D=\overline{Q_1+Q_2+Q_3+Q_4}$，所以 $Q_1^{n+1}=D=\overline{Q_1+Q_2+Q_3+Q_4}$，$S_R=Q_1$。态序表、状态图分别如表解 6 - 30、图解 6 - 30 所示。可见，该电路为 $M=5$ 的环形计数器，或非门使电路具有自启动能力。

表解 6-30

D	Q_1	Q_2	Q_3	Q_4	Q_5
1	0	0	0	0	0
0	1	0	0	1	0
0	0	1	0	0	0
0	0	0	1	0	0
0	0	0	0	1	0
1	0	0	0	0	1

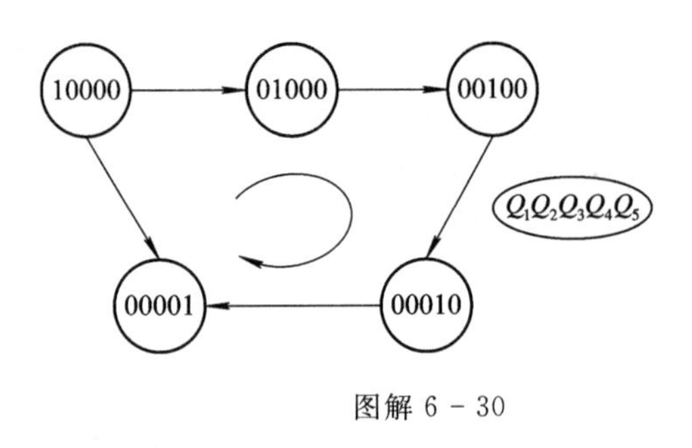

图解 6-30

6-31　给出下列器件：74LS194、74LS169、74LS161、74LS151 及少量门电路，试设计一个输出序列为 01001100010111 的序列信号发生器。

(1) 采用反馈移位型结构实现电路。

(2) 采用计数型结构实现电路。

解　(1) 采用反馈移位型结构，$M=14$，取 $n=4$，划分状态，74LS194 的状态表和反馈函数表如表解 6-31(a)所示，组合反馈电路用 74LS151 实现，则

$$S_L=(Q_0Q_1Q_2)_m(\bar{Q}_3\bar{Q}_3101Q_30\bar{Q}_3)^T$$
$$=(Q_1Q_2Q_3)_m(1Q_0\bar{Q}_0Q_0\bar{Q}_0\bar{Q}_0Q_00)^T$$
$$=(Q_0Q_2Q_3)_m(1Q_1\bar{Q}_10\bar{Q}_1\bar{Q}_1Q_1\bar{Q}_1)^T$$

S_L 的卡诺图及逻辑电路图如图解 6-31(a)所示，电路能自启动。

(2) 采用计数型结构，用 74LS169 构成 $M=14$ 的加法计数器，$U/\bar{D}=1$，计数范围为 0010～1111，组合输出电路的真值表如表解 6-31(b)所示，使用 74LS151 实现，则

$$Z=(Q_DQ_CQ_B)_m(0Q_A010Q_AQ_A1)^T$$
$$=(Q_CQ_BQ_A)_m(00010Q_D11)^T$$
$$=(Q_DQ_CQ_A)_m(01Q_BQ_B0Q_BQ_B1)^T$$
$$=(Q_DQ_BQ_A)_m(00Q_C10Q_CQ_C1)^T$$

逻辑电路图如图解 6-31(b)所示。

表解 6-31

(a)

Q_0	Q_1	Q_2	Q_3	S_L
0	1	0	0	1
1	0	0	1	1
0	0	1	1	0
0	1	1	0	0
1	1	0	0	0
1	0	0	0	1
0	0	0	1	0
0	0	1	0	1
0	1	0	1	1
1	0	1	1	1
0	1	1	1	0
1	1	1	0	1
1	1	0	1	0
1	0	1	0	0

(b)

Q_D	Q_C	Q_B	Q_A	Z
0	0	1	0	0
0	0	1	1	1
0	1	0	0	0
0	1	0	1	0
0	1	1	0	1
0	1	1	1	1
1	0	0	0	0
1	0	0	1	0
1	0	1	0	0
1	0	1	1	1
1	1	0	0	0
1	1	0	1	1
1	1	1	0	1
1	1	1	1	1

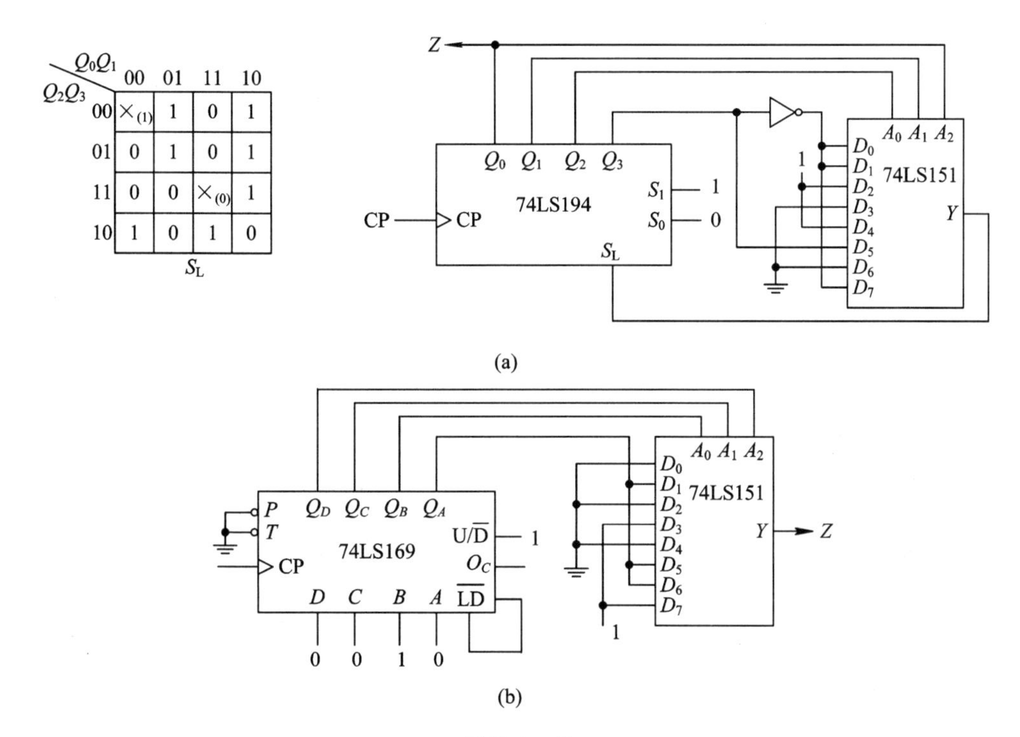

图解 6－31

6－32　试用 74LS161、74LS138 和少量门电路设计一个受 X 控制的双序列码产生电路。要求：当 $X=0$ 时，$Z_1=0$，$Z_2=0$；当 $X=1$ 时，$Z_1=1100101$，$Z_2=1001101$。

解　(1) 首先用 74LS161 设计一个 $M=7$ 的计数器，再用 74LS138 设计组合输出电路。模 7 计数器的计数范围不同，则组合电路也不相同。现取计数范围为 0000～0110，列出 $X=1$ 时，组合电路的真值表如表解 6－32 所示，用 74LS138 实现组合输出，其函数式为

$$Z_1 = X\sum m(0,\ 1,\ 4,\ 6) = X\prod M(2,\ 3,\ 5) = X\cdot\overline{Y}_2\cdot\overline{Y}_3\cdot\overline{Y}_5$$

$$Z_2 = X\sum m(0,\ 3,\ 4,\ 6) = X\prod M(1,\ 2,\ 5) = X\cdot\overline{Y}_1\cdot\overline{Y}_2\cdot\overline{Y}_5$$

表解 6－32

Q_C	Q_B	Q_A	Z_1	Z_2
0	0	0	1	1
0	0	1	1	0
0	1	0	0	0
0	1	1	0	1
1	0	0	1	1
1	0	1	0	0
1	1	0	1	1

(2) 用 X 控制 Z_1、Z_2 的输出主要有两种方案。

方法①：将 X 加至 74LS138 的 E_1 端，Z_1、Z_2 分别用与非门取最小项输出。$X=0$ 时，$E_1=0$，译码器输出为全 1，$Z_1=Z_2=0$；$X=1$ 时，$E_1=1$，译码器工作，$Z_1=\sum m(0,1,4,6)$，

$Z_2=\sum m(0, 3, 4, 6)$。逻辑电路如图解 6－32(a)所示。

方法②：将 X 加至与门输入端，Z_1、Z_2 分别经与门取最大项输出。$X=0$ 时，$Z_1=Z_2=0$；$X=1$ 时，$Z_1=\prod M(2, 3, 5)$，$Z_2=\prod M(1, 2, 5)$。逻辑电路如图解 6－32(b)所示。

综合起来，实现方案还可以有多种，读者可自行分析。

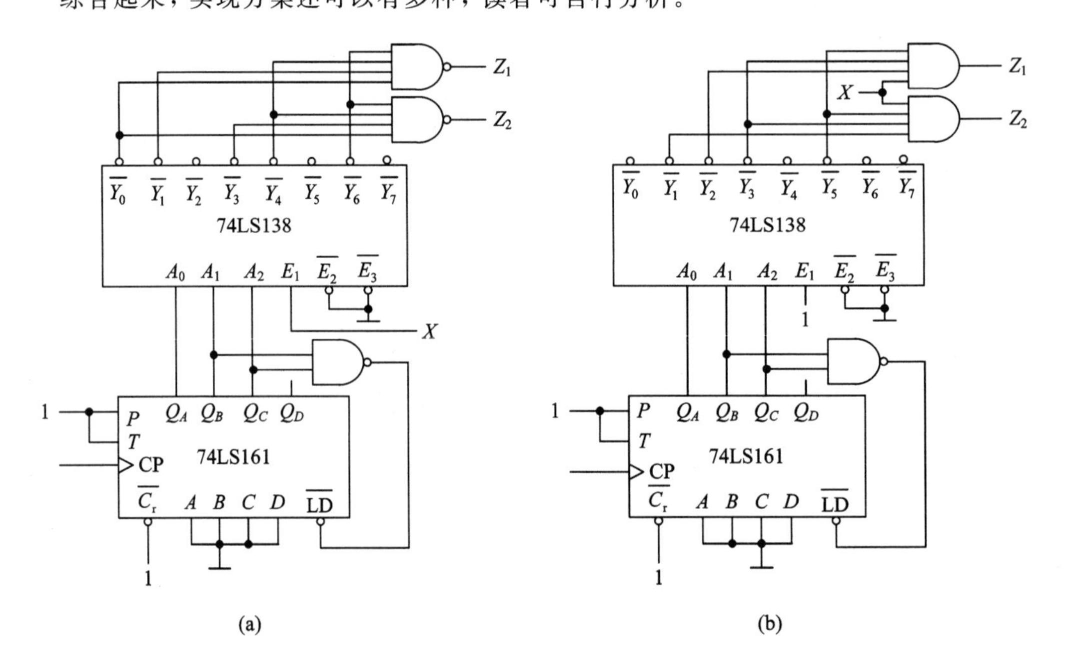

图解 6－32

6－33　给出 74LS161、74LS194、3－8 译码器(74LS138)、4 选 1 数据选择器，试设计下列电路：

(1) 波形发生器，要求输出波形如图 P6－33(a)所示。

(2) 双序列码发生器，要求其输出波形如图 P6－33(b)所示。

(3) 8 路脉冲发生器。

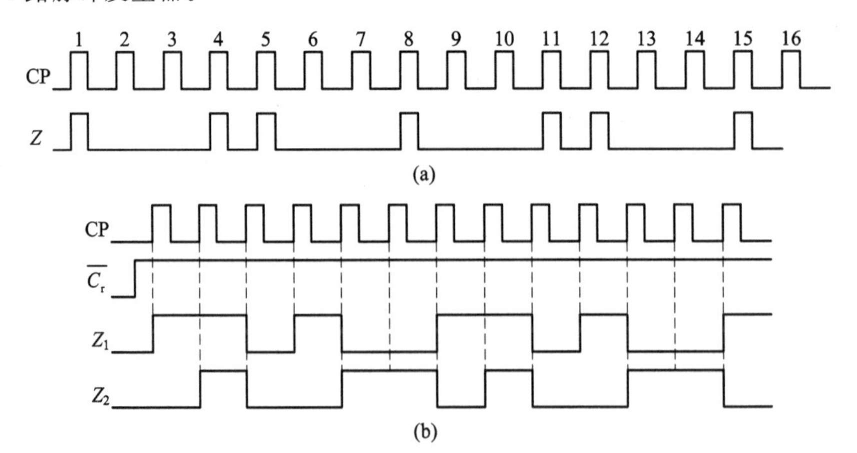

图 P6－33

解 (1) 从图 P6－33(a)中可以看出，Z 为脉冲型序列码，周期性输出 1001100 序列。本题中，可以先求出电位型输出序列 Y=1001100，然后将 Y 和 CP 相与，便得到 Z。用 74LS161 实现模 7 计数器，态序表及真值表如表解 6－33(a)所示。逻辑电路如图解 6－33(a)所示。

表解 6－33

(a)

Q_C	Q_B	Q_A	Y
0	0	0	1
0	0	1	0
0	1	0	0
0	1	1	1
1	0	0	1
1	0	1	0
1	1	0	0

(b)

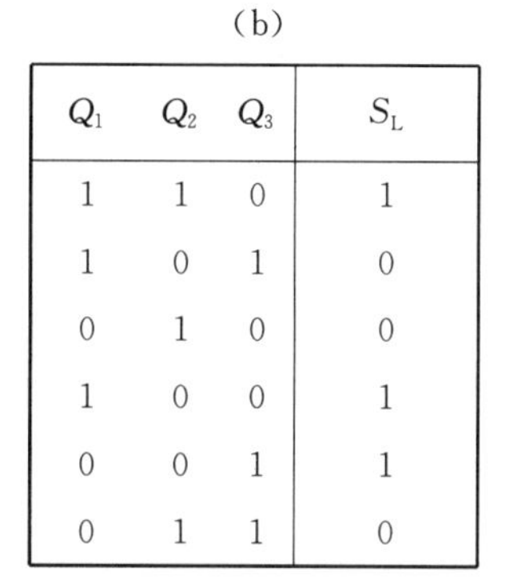

Q_1	Q_2	Q_3	S_L
1	1	0	1
1	0	1	0
0	1	0	0
1	0	0	1
0	0	1	1
0	1	1	0

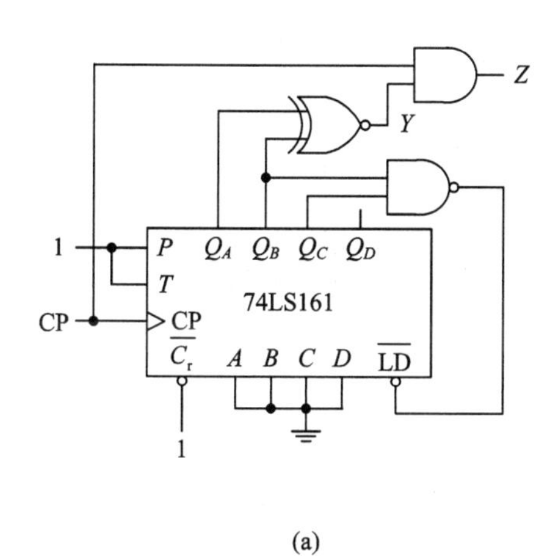

(a)

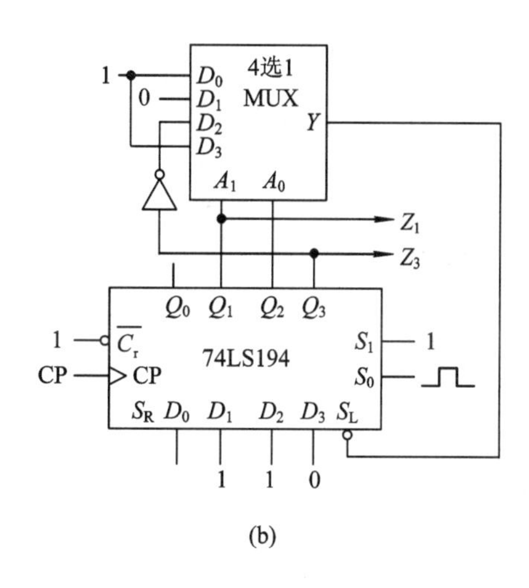

(b)

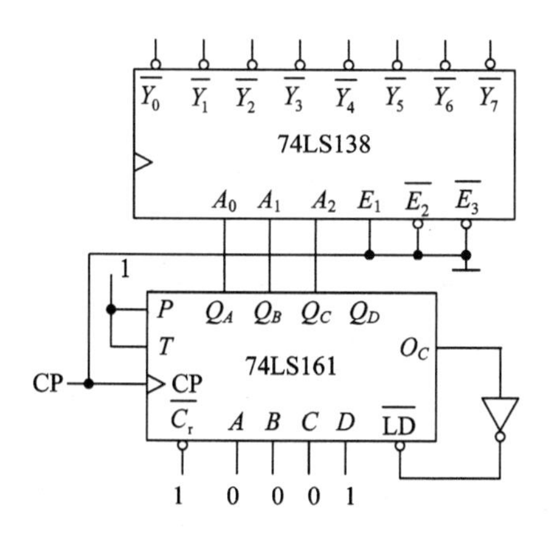

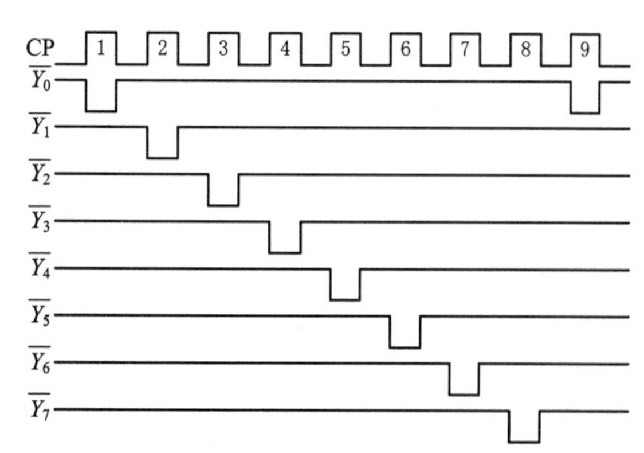

(c)

图解 6－33

(2) 本题为双序列码输出，$Z_1=110100$，$Z_2=010011$，解题方案有两种。

方案①：与教材中例 6.7.3 的方法相同，用 74LS194 实现模 6 计数器，用 74LS138 实现双序列输出。

方案②：采用反馈移位型序列发生器的方法实现。Z_2 比 Z_1 滞后两个节拍，可从 74LS194 的 Q_3 端输出，反馈函数表如表解 6-33(b)所示。$S_L=(Q_1Q_2)_m(1, 0, \bar{Q}_3, 1)^T$，$Z_1=Q_1$，$Z_2=Q_3$。逻辑电路如图解 6-33(b)所示。

方案②比方案①节省器件。

(3) 用 74LS161 实现模 8 计数器，时钟 CP 同时作为 74LS138 的选通信号，只有当 CP=1 时，译码器才有低电平输出。逻辑电路及波形图如图解 6-33(c)所示。

6-34　试分析图 P6-34 所示的各时序电路，图 P6-34(d)中的 X 为随机序列码。

(1) 列出图 P6-34(a)、(b)、(c)、(d)各电路的状态表，指出电路的逻辑功能。

(2) 画出图 P6-34(d)电路的输出波形，指出电路的逻辑功能。

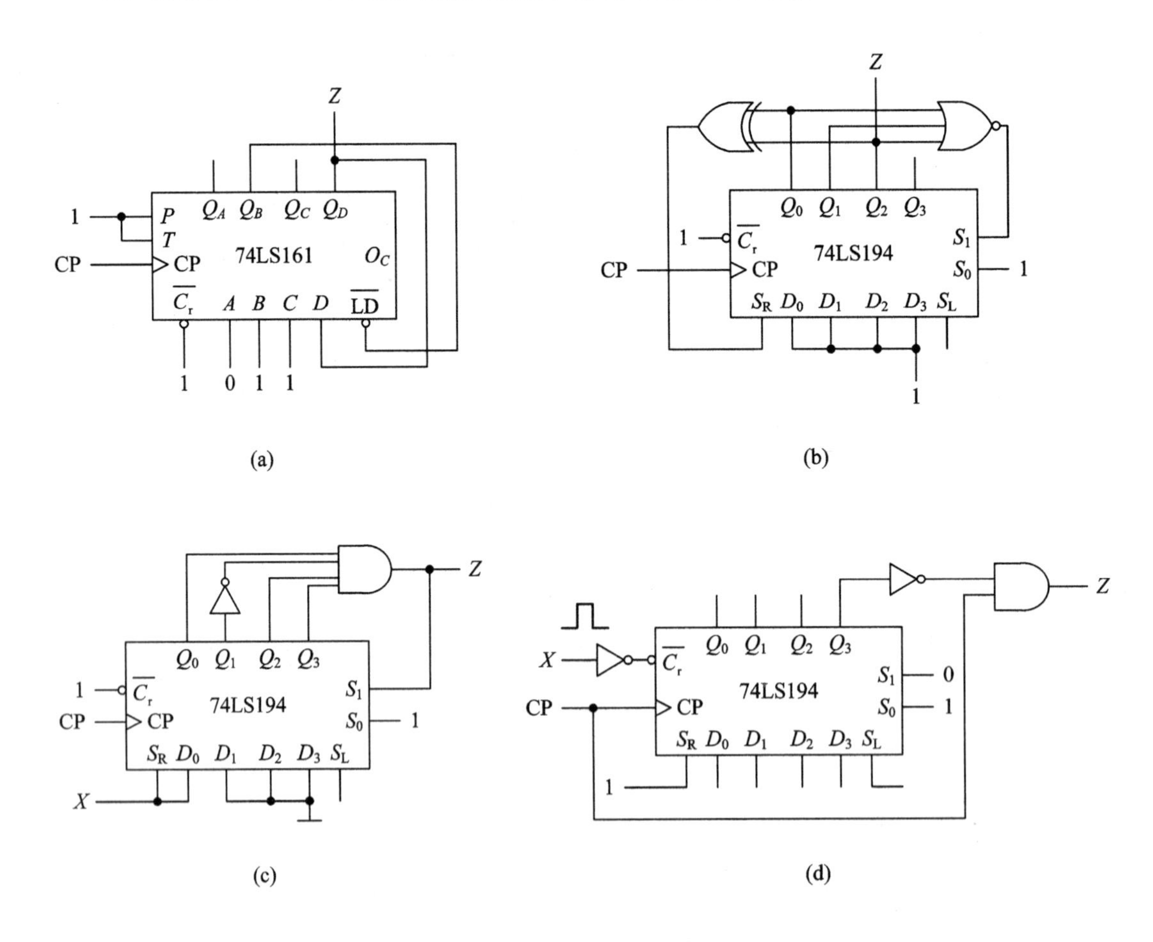

图 P6-34

解　图 P6-34 所示的各电路均为以中规模芯片为主的同步时序电路，分析时应首先写出控制输入端的函数式，根据控制输入和中规模器件的功能表确定其操作功能，从而确定其状态转移去向，然后列态序表，画状态图，分析电路的逻辑功能。

(1) 图 P6－34(a)：

$$P \cdot T = 1, \bar{C}_r = 1, \overline{LD} = Q_B, DCBA = Q_D110, Z = Q_D$$

当$\overline{LD}$=1 时，电路执行计数功能；当$\overline{LD}$=0 时，执行置数功能。因而得出态序表如表解 6－34(a)所示。该电路为模 6 计数器(或 6 分频电路)，从 Q_D 端可输出对称方波。

图 P6－34(b)：

$$S_R = Q_0 \oplus Q_2, S_1 = \overline{Q_0 + Q_1 + Q_2}, Z = Q_2$$

态序表如表解 6－34(b)所示。该电路为序列码发生器，$Z=Q_2=1101001$。

图 P6－34(c)：

$$Z = S_1 = Q_0\bar{Q}_1Q_2Q_3$$

态序表如表解 6－34(c)所示，X 为随机输入信号，只有当输入为 1101(左边数码先输入)，电路中的 $Q_0Q_1Q_2Q_3$ 检测到 1011 时，输出 $Z=1$，且输入 1101 不可重叠。因此该电路为不可重叠 1101 序列检测器。

表解 6－34

(a)

Q_D	Q_C	Q_B	Q_A	$\overline{LD}=Q_B$
0	0	0	0	0
0	1	1	0	1
0	1	1	1	1
1	0	0	0	0
1	1	1	0	1
1	1	1	1	1

(b)

S_R	Q_0	Q_1	Q_2	Q_3	功能
0	0	0	0	0	送数
0	1	1	1	1	右移
1	0	1	1	1	右移
0	1	0	1	1	右移
0	0	1	0	1	右移
1	0	0	1	0	右移
1	1	0	0	1	右移
1	1	1	0	0	右移
0	1	1	1	0	右移
1	0	1	1	1	右移

(c)

$X(S_R)$	Q_0	Q_1	Q_2	Q_3	$Z(S_1)$
1	0	0	0	0	0
1	1	0	0	0	0
0	1	1	0	0	0
1	0	1	1	0	0
0	1	0	1	1	1 送数
1	0	0	0	0	0
0	1	0	0	0	0
1	0	1	0	0	0
1	1	0	1	0	0
0	1	1	0	1	0
1	0	1	1	0	0
1	1	0	1	1	1 送数
0	1	0	0	0	0
1	0	1	0	0	0
1	1	0	1	0	0

(d)

S_R	Q_0	Q_1	Q_2	Q_3	$Z=CP \cdot \bar{Q}_3$
1	0	0	0	0	1
1	1	0	0	0	1
1	1	1	0	0	1
1	1	1	1	0	1
1	1	1	1	1	0
1	1	1	1	1	0

图 P6－34(d)：

$$\overline{C}_r=\overline{X},\ Z=\overline{Q}_3\cdot \text{CP}$$

态序表如表解 6－34(d)所示，输出波形如图解 6－34 所示。该电路是一个脉冲控制电路，X 端每来一个脉冲，在 Z 端可输出 4 个 CP 脉冲。

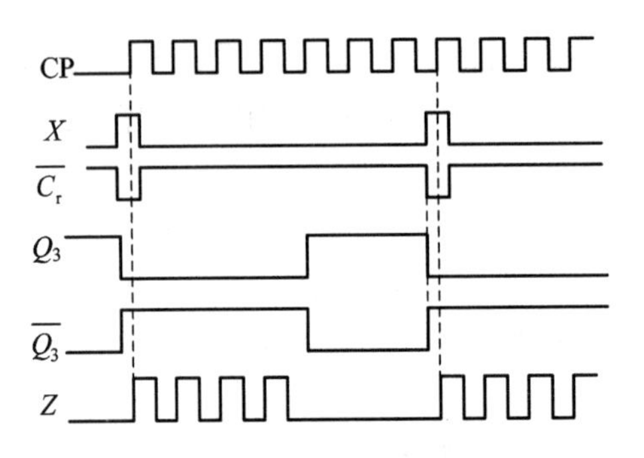

图解 6－34

6－35 试分析图 P6－35 所示的同步时序电路，列出状态表(或态序表)，指出电路的逻辑功能。

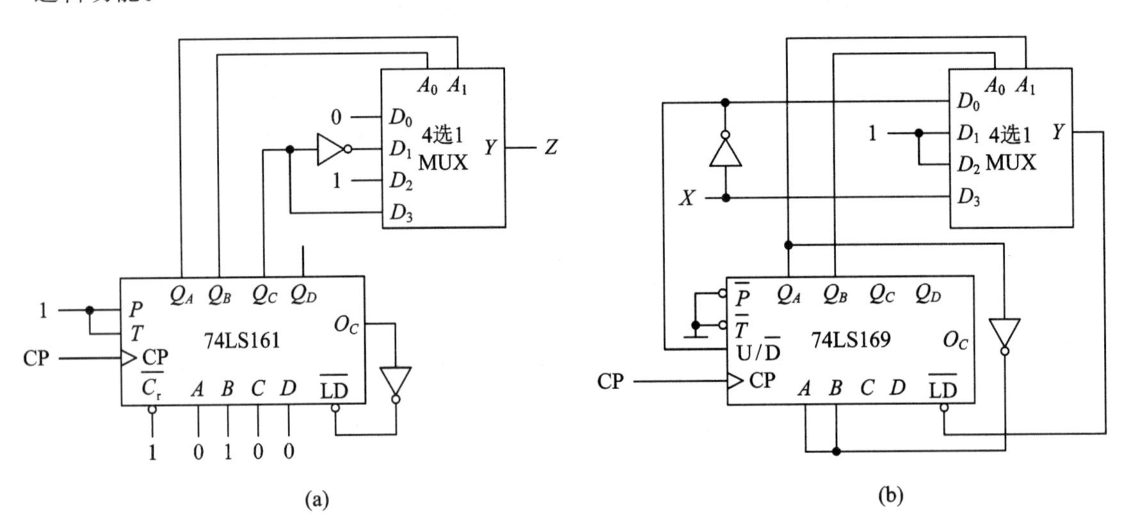

图 P6－35

解 图 P6－35(a)：

$$Z=(Q_AQ_B)_m(0\overline{Q}_C1Q_C)^{\text{T}}$$

态序表如表解 6－35(a)所示。该电路为计数型 10010101100101 序列发生器。

图 P6－35(b)：

$$\overline{\text{LD}}=(Q_AQ_B)_m(\overline{X}11X)^{\text{T}},\ \text{U}/\overline{\text{D}}=\overline{X}$$

态序表如表解 6－35(b)所示。该电路为模 4 加/减法计数器。当 $X=0$ 时，执行加法计数；当 $X=1$ 时，执行减法计数。

表解 6－35

(a)

Q_D	Q_C	Q_B	Q_A	Z
0	0	1	0	$D_1=\bar{Q}_C=1$
0	0	1	1	$D_3=Q_C=0$
0	1	0	0	$D_0=0$
0	1	0	1	$D_2=1$
0	1	1	0	$D_1=\bar{Q}_C=0$
0	1	1	1	$D_3=Q_C=1$
1	0	0	0	$D_0=0$
1	0	0	1	$D_2=1$
1	0	1	0	$D_1=\bar{Q}_C=1$
1	0	1	1	$D_3=Q_C=0$
1	1	0	0	$D_0=0$
1	1	0	1	$D_2=1$
1	1	1	0	$D_1=\bar{Q}_C=0$
1	1	1	1	$D_3=Q_C=1$

(b)

X	Q_B	Q_A	$\overline{\mathrm{LD}}=Y$
0	0	0	$D_0=1$
0	0	1	$D_2=1$
0	1	0	$D_1=1$
0	1	1	$D_3=0$ 置数
1	0	0	$D_0=0$ 置数
1	1	1	$D_3=1$
1	1	0	$D_1=1$
1	0	1	$D_2=1$

6－36　试用 74LS194 实现 0100111 序列信号检测。

解　用两片 74LS194 和若干门电路实现。检测电路如图解 6－36 所示，X 为输入，当输入 0100111 序列时输出 $Z=1$。

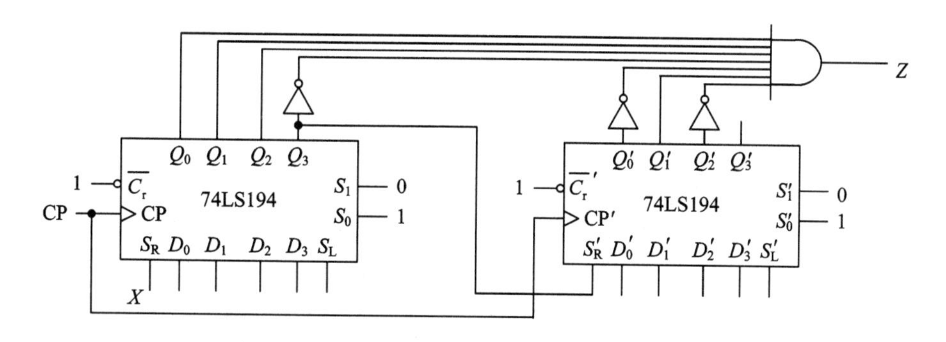

图解 6－36

第 7 章　脉冲波形的产生与整形

7.1　基本要求、基本概念及重点、难点

1. 基本要求

(1) 深刻理解单稳、多谐、施密特三种典型脉冲电路的基本特点。掌握 555 集成定时器的基本功能及构成典型脉冲电路的基本方法。

(2) 掌握脉冲电路的波形分析方法，熟练运用常用器件设计波形变换电路。

2. 基本概念及重点、难点

1) 三种典型脉冲电路的基本特点

(1) 单稳触发电路：主要用于产生固定宽度的脉冲信号，电路只有一个稳定状态，另一个为暂稳态。暂稳态停留时间(即输出脉冲的宽度)取决于电路本身的参数。外加触发信号通常是窄脉冲，主要起触发作用。

(2) 多谐振荡器：能自激产生矩形脉冲信号，不需要外加触发信号。电路没有稳态，只有两个暂稳态。

(3) 施密特触发器：主要用于整形，它有两个触发电平，当输入信号的变化超过触发电平时，电路的状态才会改变，即输出高电平或低电平。

2) 555 定时器的功能及应用

555 定时器是用途很广的集成电路，其外部引脚如图 7－1 所示，功能表如表 7－1 所示。用 555 定时器构成的典型脉冲电路如图 7－2 所示。

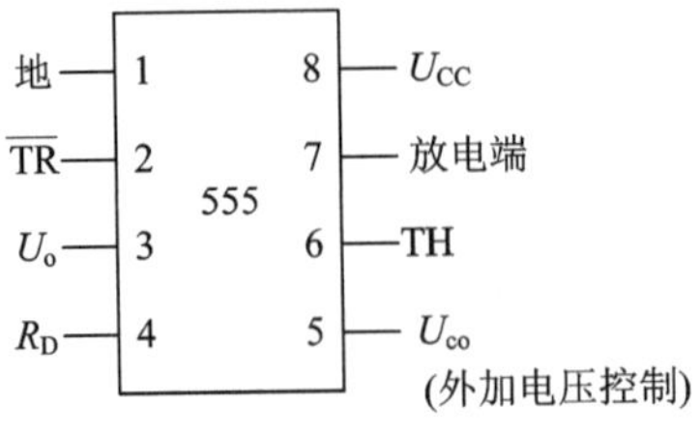

地 — 1　　8 — U_{CC}
$\overline{TR}$ — 2　　7 — 放电端
U_o — 3　555　6 — TH
R_D — 4　　5 — U_{co} (外加电压控制)

图 7－1

表 7－1

R_D	U_6(TH)	U_2($\overline{TR}$)	U_o	V_1(放电管)
0	×	×	0	导通
1	$<\frac{2}{3}U_{CC}$	$<\frac{1}{3}U_{CC}$	1	截止
1	$>\frac{2}{3}U_{CC}$	$>\frac{1}{3}U_{CC}$	0	导通
1	$<\frac{2}{3}U_{CC}$	$>\frac{1}{3}U_{CC}$	不变	不变

对于单稳触发器，输出信号的周期与输入信号的周期相同，即

$$T = T_i$$

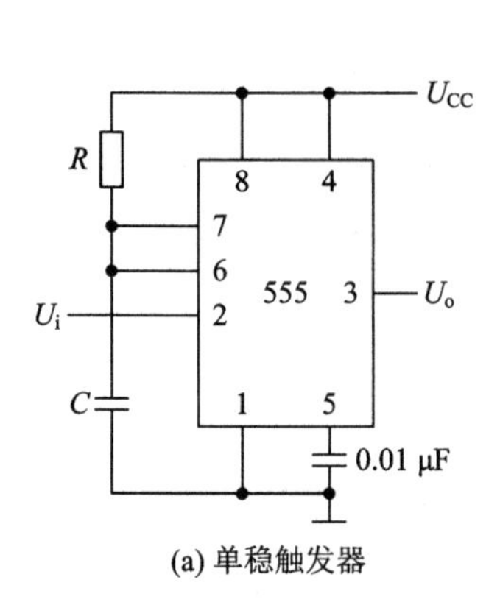

(a) 单稳触发器

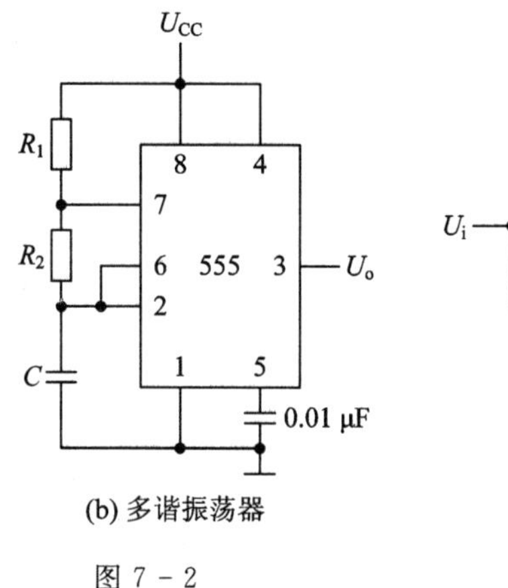

(b) 多谐振荡器

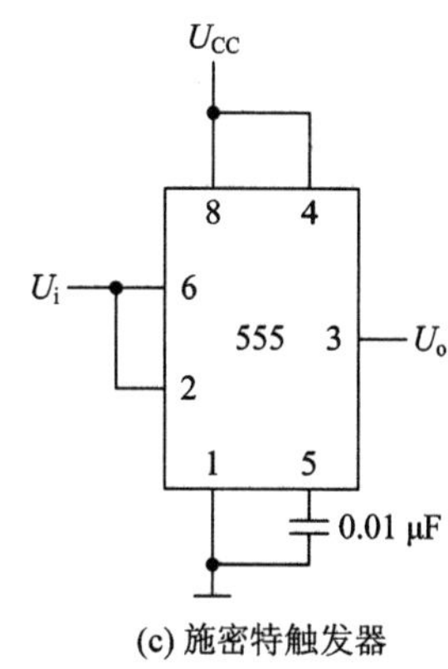

(c) 施密特触发器

图 7－2

输出信号脉宽 T_W 可调，即

$$T_W = 1.1RC$$

对于多谐振荡器，输出信号周期：

$$T = T_1 + T_2 = 0.7(R_1 + 2R_2)C$$

对于施密特触发器，上触发电平：

$$U_+ = \frac{2}{3}U_{CC}$$

下触发电平：

$$U_- = \frac{1}{3}U_{CC}$$

改变 555 定时器 5 脚 U_{co}的外输入电压值可改变 U_+、U_- 的值。

3）波形变换电路的分析与设计

采用脉冲电路和逻辑电路可以实现各种波形变换。对这类电路进行波形分析时应注意以下问题：

（1）首先搞清楚各部分电路的基本功能及工作原理，定性画出各部分输出电压的波形，同时找出决定电路状态发生转换的控制电压。

（2）对于典型脉冲电路输出波形的参数，应画出具体的充放电等效电路，确定电压充放电的起始值、趋向值、转换值和时常数后，根据三要素公式进行计算。

（3）对于用计数器、门电路构成的波形变换电路，应按其逻辑功能分析波形。

设计波形变换电路，一般可按以下步骤进行：

（1）首先分析各级输出、输入波形的特征及变化规律，确定各部分电路的名称。

（2）为保证电路输出、输入的相位关系及正常工作，可考虑增加某些附加门或附加电路。

（3）根据波形中的参数要求，设计每一级脉冲电路和逻辑电路。

7.2 习题解答

7－1 RC 电路如图 P7－1 所示。已知 $E=+5$ V，$R_1=30$ kΩ，$R_2=10$ kΩ，$C=0.05$ μF。

(1) 当 $t=0$ 时，S_1 合上，S_2 断开，经过多长时间后电容上的电压 $U_C(t)=\frac{10}{3}$ V?

(2) 当 $U_C(t)=\frac{10}{3}$ V 时，断开 S_1，同时合上 S_2，经过多长时间 $U_C(t)=\frac{5}{3}$ V?

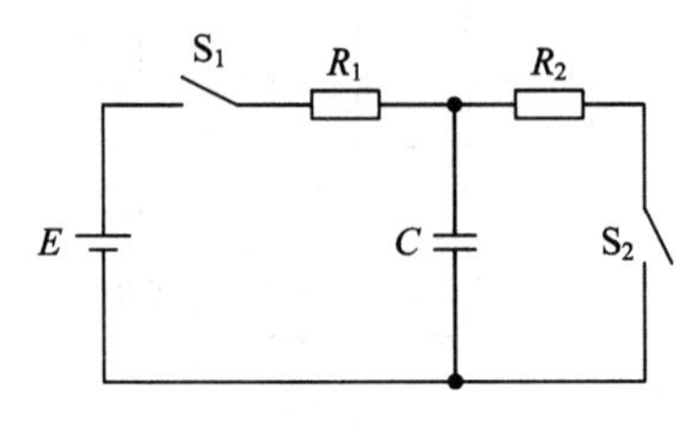

图 P7－1

解 (1) $U_C(0^+)=0$，$U_C(\infty)=E$，$U_C(t)=\frac{10}{3}$ V，$\tau=R_1C$，则

$$t = R_1C\ln\frac{U_C(\infty)-U_C(0^+)}{U_C(\infty)-U_C(t)} = 1.65\ \text{ms}$$

(2) $U_C(0^+)=\frac{10}{3}$ V，$U_C(\infty)=0$，$U_C(t)=\frac{5}{3}$ V，$\tau=R_2C$，则

$$t = R_2C\ln\frac{U_C(\infty)-U_C(0^+)}{U_C(\infty)-U_C(t)} = 0.35\ \text{ms}$$

7－2 单稳触发器的输入、输出波形如图 P7－2 所示。已知 $U_{CC}=5$ V，给定的电容 $C=0.47\ \mu$F，试画出用 555 定时芯片接成的电路，并确定电阻 R 的取值。

解 将输入信号反相后送至单稳触发电路，便可得到图 P7－2 所示的波形。

电路如图解 7－2 所示。根据 $T_W=1.1\ RC$，求得 $R=386$ kΩ。

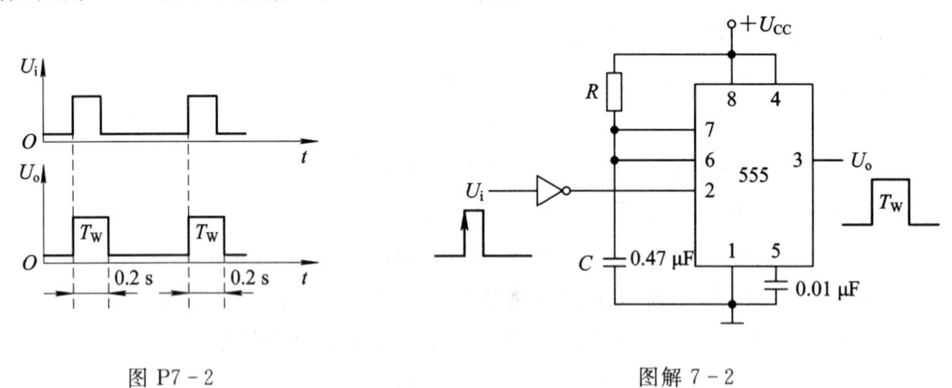

图 P7－2　　　　图解 7－2

7－3 两片 555 定时器构成图 P7－3 所示的电路。

(1) 在图示元件参数下，估算 U_{o1}、U_{o2} 端的振荡周期 T。

(2) 定性画出 U_{o1}、U_{o2} 的波形，说明电路具备何种功能。

(3) 若将 555 芯片的 U_{co}(5 脚)改接＋4 V，对电路的参数有何影响?

解 (1) 两个 555 定时器均构成了多谐振荡器。U_{o1} 端振荡周期：

$$T_{o1} = 0.7(R_1+2R_2)C = 0.7(100+2\times 50)\times 10^3\times 5\times 10^{-6} = 700\ \text{ms}$$

U_{o2} 端振荡周期：

$$T_{o2} = 0.7(R_1+2R_2)C = 0.7(10+2\times 5)\times 10^3\times 0.01\times 10^{-6} = 0.14\ \text{ms}$$

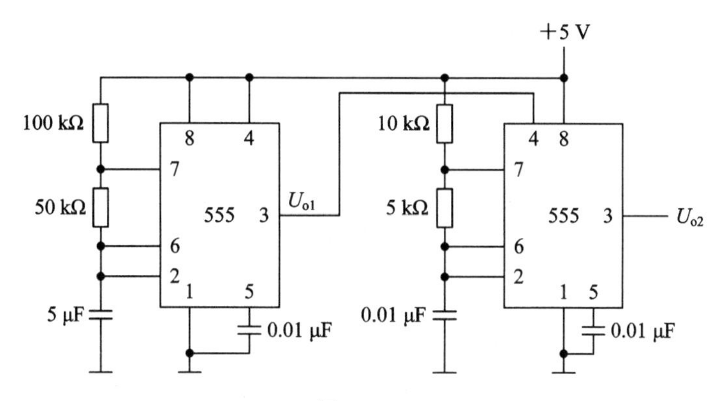

图 P7－3

(2) 由于 U_{o1} 输出信号的频率比 U_{o2} 输出信号频率低得多，且 U_{o1} 输出接至高频振荡器的复位端，因此 U_{o1} 为高时 U_{o2} 才有输出，U_{o1} 为低时，U_{o2} 停止振荡，输出为 0。U_{o1}、U_{o2} 的波形图如图解 7－3 所示。因此该电路可以产生间歇振荡，若 U_{o2} 接扬声器，则可发出间歇声响。

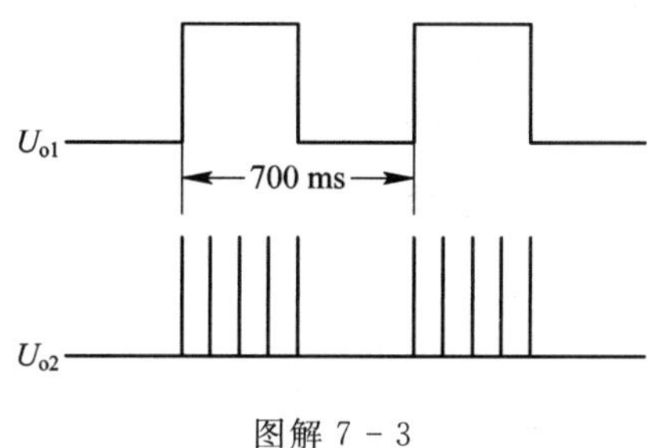

图解 7－3

(3) U_{co} 改接 4 V 后，555 定时器中电压比较器的参考电压 $U_{R1}=4$ V，$U_{R2}=2$ V(见教材图 7.2.1(a))，两个多谐振荡器的电容 C 都将在 2～4 V 之间进行充、放电，其振荡器周期 T 的计算如下。

C 的充电时间：

$$T_1 = (R_1 + R_2)C \ln \frac{5-2}{5-4} = 1.1(R_1 + R_2)C$$

C 的放电时间：

$$T_2 = R_2 C \ln \frac{0-4}{0-2} = 0.7\ R_2 C$$

故振荡周期：

$$T = 1.1(R_1 + R_2)C + 0.7 R_2 C$$

由于 T 变大，所以 U_{o1}、U_{o2} 的频率均下降。

7－4　用 555 定时器构成发出“叮-咚”声响的门铃电路如图 P7－4 所示，试分析其工作原理。

解　S 合上前，$U_{R4}=0$，即 555 定时器复位端接地，故门铃不响。

S 合上后，C_2 上的电压 U_{C2} 很快上升到 4.3 V，多谐振荡器工作，门铃发出声音。

S 松开后，U_{C2} 通过 R_4 放电至 0 V，多谐振荡器停止工作。

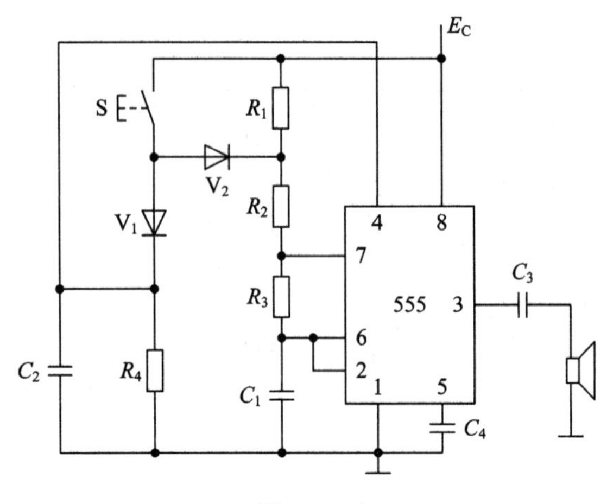

图 P7-4

7-5 试用555定时器构成一个施密特触发器，以实现图P7-5所示的鉴幅功能。画出芯片的接线图，并标明有关的参数值。

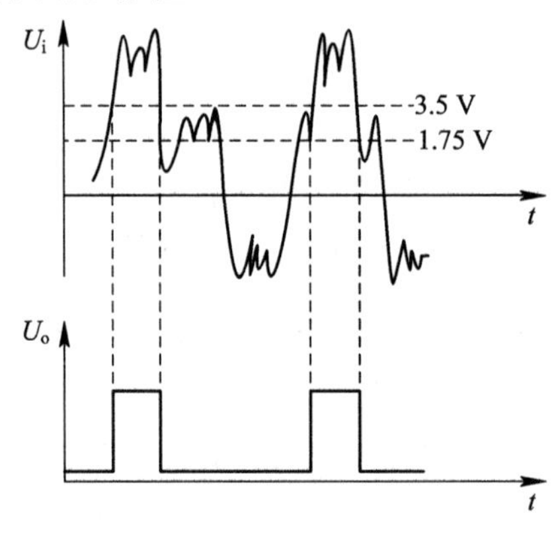

图 P7-5

解 施密特电路如图解7-5所示。

为保证上触发电平为3.5 V，下触发电平为1.75 V，应在555定时器的U_{co}(5脚)接入3.5 V电压，同时应在输出端U_o接一反相器，才能得到图P7-5所示的波形及相位关系。

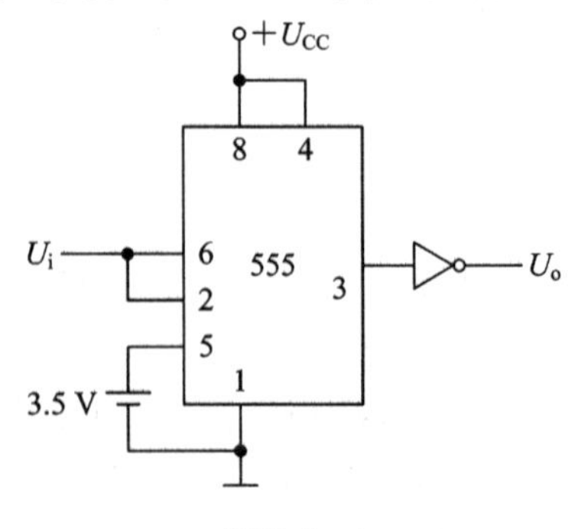

图解 7-5

7-6 图P7-6是由两个555定时器和一片74LS161构成的脉冲电路。

(1) 试说明电路各部分的功能。

(2) 若555(Ⅰ)片R_1=10 kΩ，R_2=20 kΩ，C=0.01 μF，求U_{o1}端波形的周期T。

(3) 74LS161 的 O_C 端与 CP 端脉冲分频比为多少？

(4) 若 555(Ⅱ)片的 $R=10\ \mathrm{k\Omega}$，$C=0.05\ \mu\mathrm{F}$，则 U_o 的输出脉宽 T_W 为多少？

(5) 画出 U_{o1}、O_C 和 U_o 端的波形图。

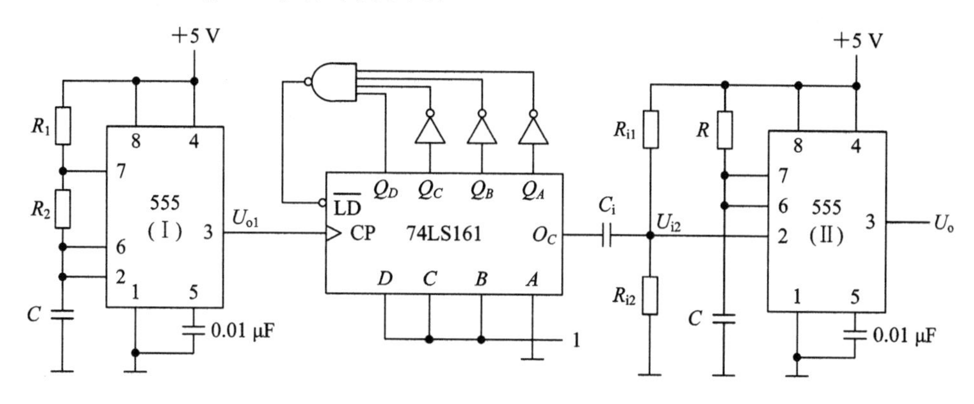

图 P7-6

解 (1) 该电路由三部分组成：

555(Ⅰ)片组成多谐振荡器，产生周期一定的矩形脉冲信号；

74LS161 与门电路组成分频器，将输入信号频率降低为原来的 $1/M$；

555(Ⅱ)片组成单稳触发器，其中 C_i、R_{i1}、R_{i2} 构成微分电路，将前级输出的脉冲信号变成上、下突跳的微分信号(防止输入信号负脉冲过宽使电路工作不正常)，单稳电路输出与输入下降沿同步的正脉冲信号，脉宽 T_W 可调。

(2) 555(Ⅰ)的 U_{o1} 端的周期：

$$T=0.7(R_1+2R_2)C=0.35\ \mathrm{ms}$$

(3) 74LS161 的计数范围是 1110～1000，故 $M=11$，O_C 端与 CP 端脉冲的分频比为

$$\frac{f_{O_C}}{f_{CP}}=\frac{1}{11}$$

(4) 单稳触发电路 U_o 的输出脉宽：

$$T_W=1.1RC=0.55\ \mathrm{ms}$$

(5) U_{o1}、O_C、U_o 端输出波形如图解 7-6 所示，其中 U_{i2} 为 555(Ⅱ)片 2 脚输入端波形。

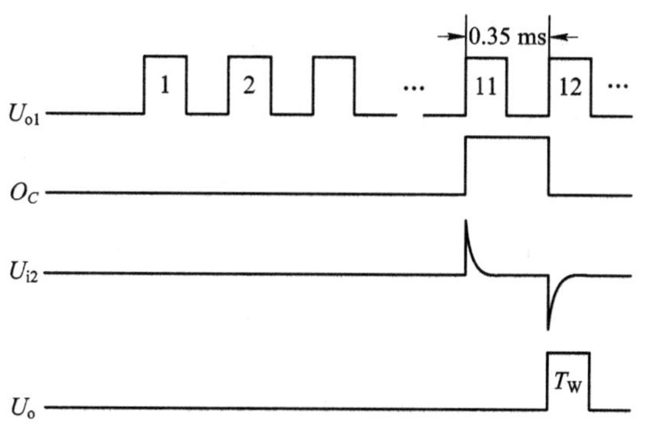

图解 7-6

7－7　图 P7－7(a)～(f) 所示 U_i、U_o 的波形各选何种电路才能实现？

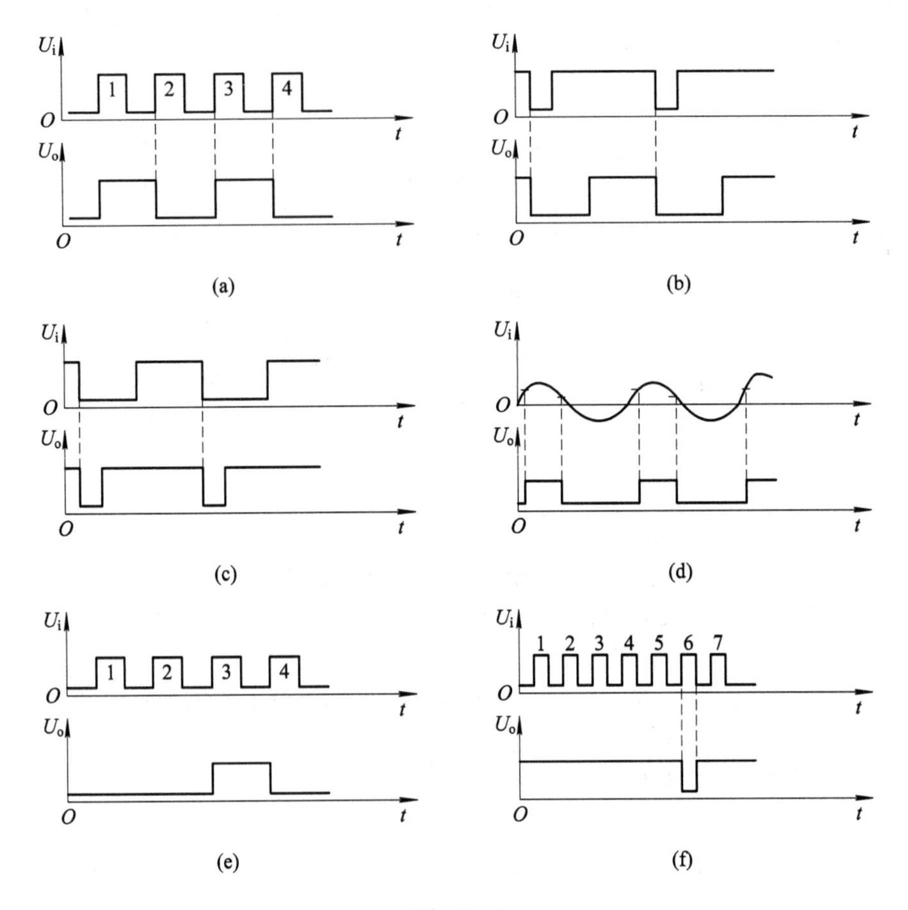

图 P7－7

解　图 P7－7(a)：U_o、U_i 为 2 分频关系，故凡是能满足 $Q^{n+1}=\bar{Q}$ 的上升沿 T′触发器，均可实现图 P7－7(a)所示的波形。电路如图解 7－7(a)所示。

图 P7－7(b)：U_o、U_i 波形周期相同，U_o 输出负脉冲脉宽可调，故可用单稳触发器加反相器得到图 P7－7(b)所示的波形。电路如图解 7－7(b)所示。

图 P7－7(c)：U_o、U_i 波形周期相同，U_o 输出负脉冲脉宽可调，且脉宽比 U_i 负方波持续期短，故也可用单稳触发器加反相器实现，但在单稳电路输入端(2 脚)必须加微分电路将 U_i 波形微分后电路才能正常工作。电路如图解 7－7(c)所示。

图 P7－7(d)：U_i 为正弦信号，U_o 为脉冲信号，故用施密特整形电路实现。为保证 U_o、U_i 的相位关系，施密特触发器应加反相器输出。电路如图解 7－7(d)所示。

图 P7－7(e)：U_o、U_i 分频比为 $f_o/f_i=1/3$，故用 U_i 作模 3 计数器的时钟，从 O_C 输出端可得 U_o 波形。电路如图解 7－7(e)所示。

图 P7－7(f)：U_o、U_i 分频比为 $f_o/f_i=1/6$，U_o 输出负脉冲，且脉宽与 U_i 正脉冲脉宽相同，用 U_i 作 CP，将模 6 计数器 O_C 输出和 CP 相与后反相即可得图 P7－7(f)所示的波形。电路如图解 7－7(f)所示。

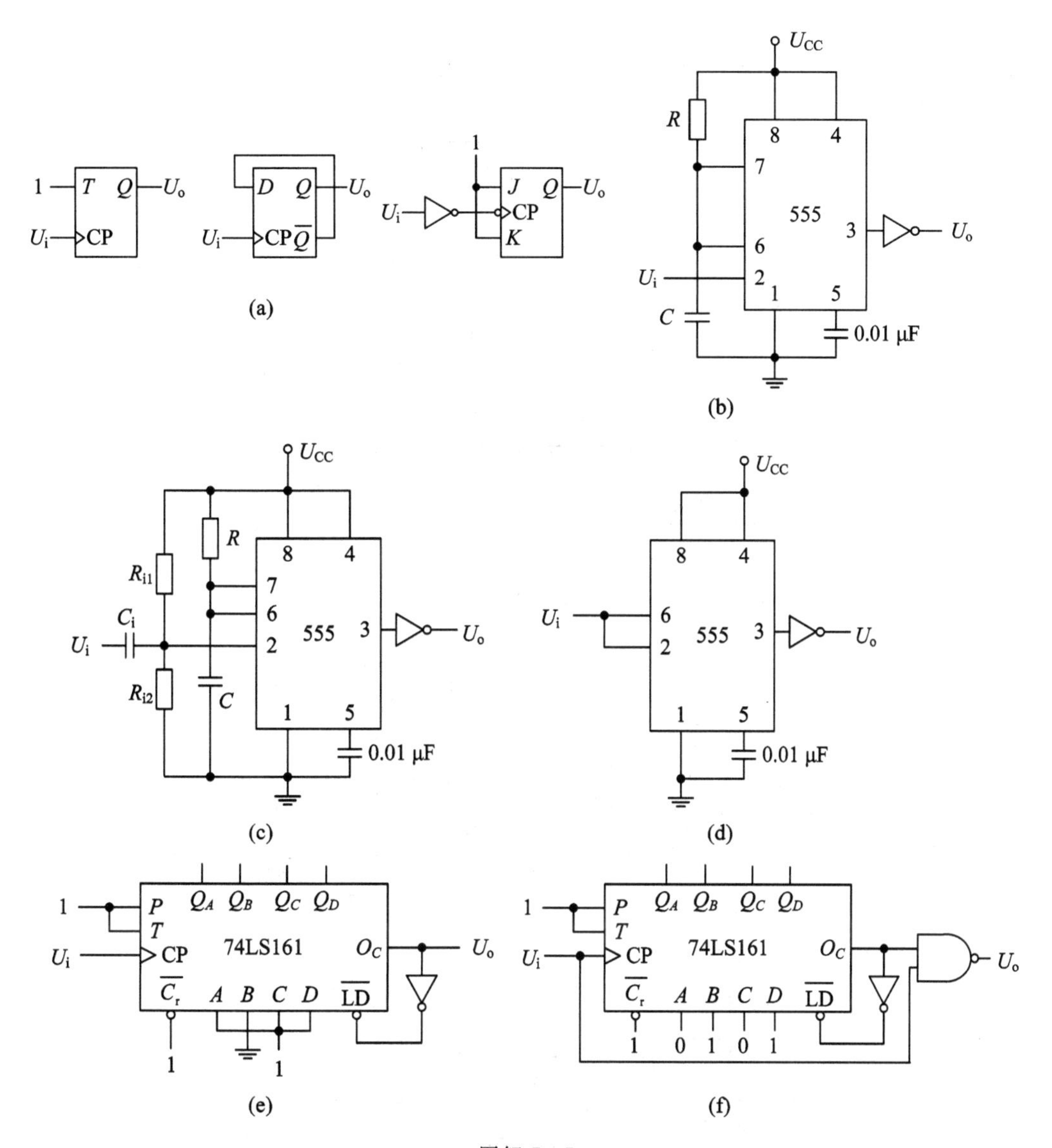

图解 7－7

7－8　图 P7－8(a)～(c) 所示 U_i、U_o 的波形各选取何种电路才能实现？

解　图 P7－8(a)中：U_o、U_i 分频比为 1/5，U_o 输出负脉冲，且脉宽 T_W 可调。可用 5 分频电路输出反相、微分后加单稳态触发器再反相输出的方法实现。电路如图解 7－8(a)所示。

图 P7－8(b)中：U_o 为 U_i 的整形输出，且正脉宽可调。可用施密特触发器加微分电路送至单稳触发电路实现。电路如图解 7－8(b)所示。

图 P7－8(c)中：U_o 输出的正脉冲宽度 T_{W2} 可调，且每个脉冲上升沿滞后 U_i 脉冲上升沿的时间固定为 T_{W1}，应用两级单稳触发器实现，即第一级单稳触发器产生脉宽为 T_{W1} 的脉冲，第二级单稳触发器产生脉宽为 T_{W2} 的脉冲。为保证图 P7－8(c)的相位关系，应将 U_i 加非门后，再加微分电路送至第一级单稳触发电路的输入，第一级输出后也加微分电路再送至第二级单稳触发电路的输入，最后输出 U_o 便为图 P7－8(c)所示的波形。电路如图解 7－8(c)所示。

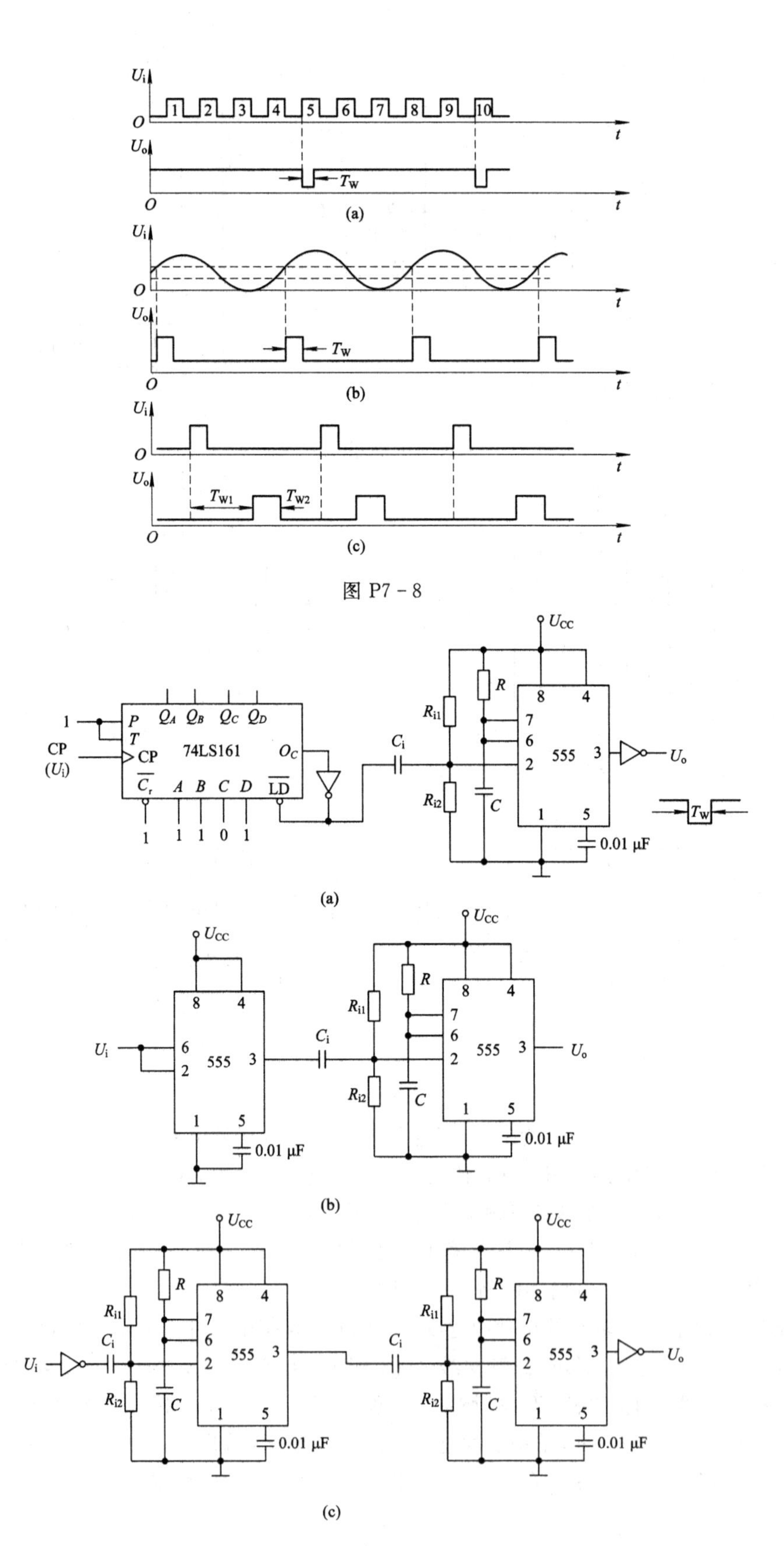
Ui
O
1
2
3
4
5
6
7
8
9
10
t
Uo
TW
(a)
(b)
TW1
TW2
(c)
P
T
CP
(Ui)
QA
QB
QC
QD
74LS161
OC
Cr
A
B
C
D
LD
1
1 1 0 1
UCC
R
Ri1
Ri2
Ci
8
4
7
6
2
555
3
1
5
0.01 μF

图 P7-8

图解 7-8

第 8 章　存储器和可编程逻辑器件

8.1　基本要求、基本概念及重点、难点

1. 基本要求

（1）掌握半导体存储器的分类及特点。

（2）掌握只读存储器(ROM)的工作原理、扩展方法和主要应用。

（3）了解可编程逻辑器件的分类及结构特点。

2. 基本概念及重点、难点

1）半导体存储器的分类

半导体存储器按其制造工艺、存取信号方式可作以下归类：

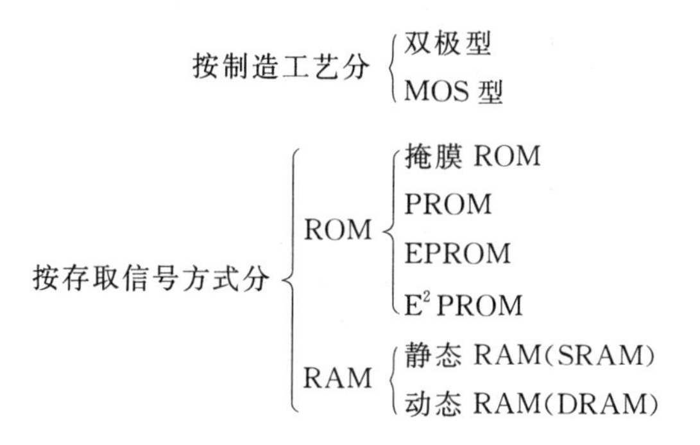

2）只读存储器(ROM)

（1）从存储角度看，ROM 由地址译码器、存储矩阵和输出缓冲器三部分组成。对于有 n 位地址输入，m 位数据输出的 ROM，其存储容量为 2^n(字)$\times m$(位)。

（2）从组合逻辑结构来看，ROM 是由与阵列和或阵列构成的组合逻辑电路。

ROM 的容量扩展分位扩展和字扩展，它们分别通过增加位数和字数来实现。

ROM 主要用于存储信息，也可以用来实现组合逻辑函数。其做法是将逻辑函数的输入变量作为 ROM 的地址输入，将输入变量每种组合对应的函数值写入 ROM 的存储单元，则按地址读出的数据便是相应的函数值。

3）可编程逻辑器件(PLD)

可编程逻辑器件(PLD)按照其集成密度和结构特点可作以下分类：

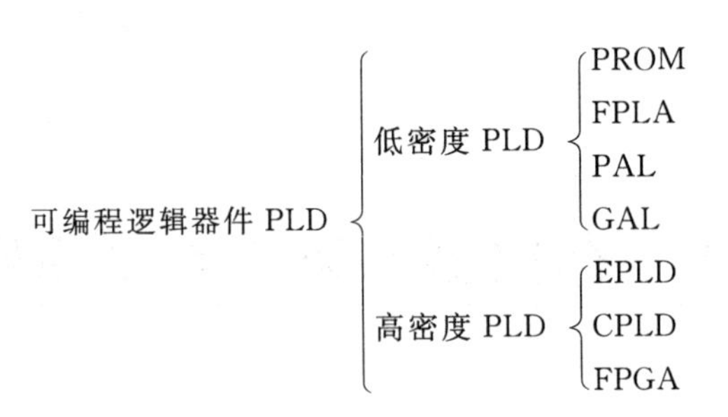

采用低密度 PLD(如 PROM、FPLA)设计逻辑电路时，主要通过列真值表、写输出函数表达式、画阵列图几个步骤，最后对 PROM 或 FPLA 进行编程来实现。采用 CPLD 或 FPGA 设计逻辑电路时，需要利用软、硬件开发工具，通过设计输入、设计处理和器件编程等步骤来实现。因此，本章内容可结合第 10、11 章进行学习。

8.2 习题解答

8-1 图 P8-1 是一个已编程的 $2^4\times4$ 位 ROM，试写出各数据输出端 D_3、D_2、D_1、D_0的逻辑函数表达式。

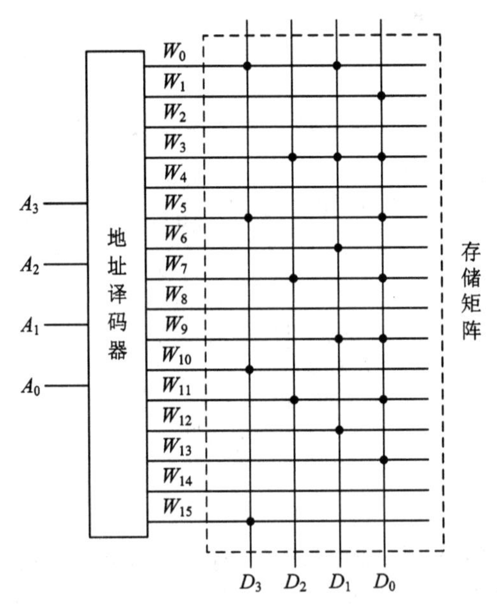

图 P8-1

解

$$D_3=W_0+W_5+W_{10}+W_{15}$$

$$D_2=W_3+W_7+W_{11}$$

$$D_1=W_0+W_3+W_6+W_9+W_{12}$$

$$D_0=W_1+W_3+W_5+W_7+W_9+W_{11}+W_{13}$$

式中，W_i 为地址输入变量 $A_3A_2A_1A_0$ 的最小项。

8-2 试问一个 256 字×4 位的 ROM 应有地址线、数据线、字线和位线各多少根？

解 因为存储容量$=2^n$(字)$\times m$(位)，则

$$256\times4=2^8\times4$$

所以应有地址线 8 根，数据线 4 根，字线 256 根，位线 4 根。

8 - 3　确定用 ROM 实现下列逻辑函数所需的容量。

(1) 比较两个 4 位二进制数的大小及是否相等。

(2) 两个 3 位二进制数相乘的乘法器。

(3) 将 8 位二进制数转换成十进制数(用 BCD 码表示)的转换电路。

解　(1) 输入为两个 4 位二进制数，故 $n=8$。输出为比较结果 $A>B$、$A=B$、$A<B$，故 $m=3$。所以

$$存储容量 = 2^8 \times 3$$

(2) 输入为两个 3 位二进制数，故 $n=6$。输出为 6 位乘积 $P_5P_4P_3P_2P_1P_0$，故 $m=6$。所以

$$存储容量 = 2^6 \times 6$$

(3) 输入为 8 位二进制数，故 $n=8$。因为 8 位二进制数的最大值为 255，所以输出十进制数为 3 位，用 BCD 码表示是 12 位数码，故 $m=12$。所以

$$存储容量 = 2^8 \times 12$$

8 - 4　用一个 2 - 4 译码器和 4 片 1024×8 的 ROM 线组成一个容量为 4096×8 的 ROM，画出连接图。(ROM 芯片的逻辑符号如图 P8 - 4 所示，$\overline{CS}$为片选信号。)

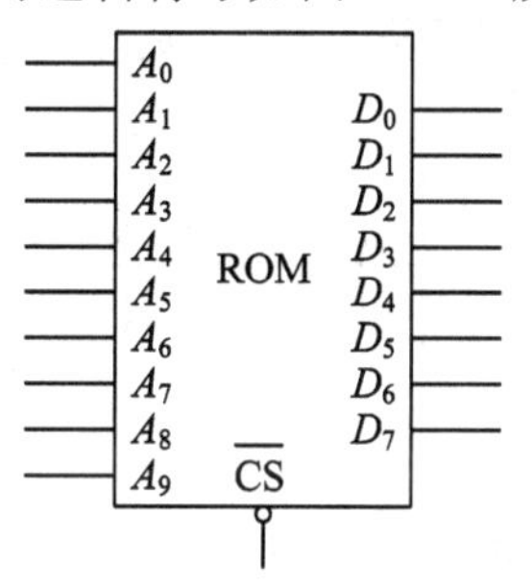

图 P8 - 4

解　4096×8 ROM 的地址如表解 8 - 4 所示，电路如图解 8 - 4 所示。

表解 8 - 4

A_{11} A_{10}	A_9 A_8 A_7 A_6 A_5 A_4 A_3 A_2 A_1 A_0	地址
0　0	0 0 0 0 0 0 0 0 0 0	000H
	⋮	⋮
	1 1 1 1 1 1 1 1 1 1	3FFH
0　1	0 0 0 0 0 0 0 0 0 0	400H
	⋮	⋮
	1 1 1 1 1 1 1 1 1 1	7FFH
1　0	0 0 0 0 0 0 0 0 0 0	800H
	⋮	⋮
	1 1 1 1 1 1 1 1 1 1	BFFH
1　1	0 0 0 0 0 0 0 0 0 0	C00H
	⋮	⋮
	1 1 1 1 1 1 1 1 1 1	FFFH

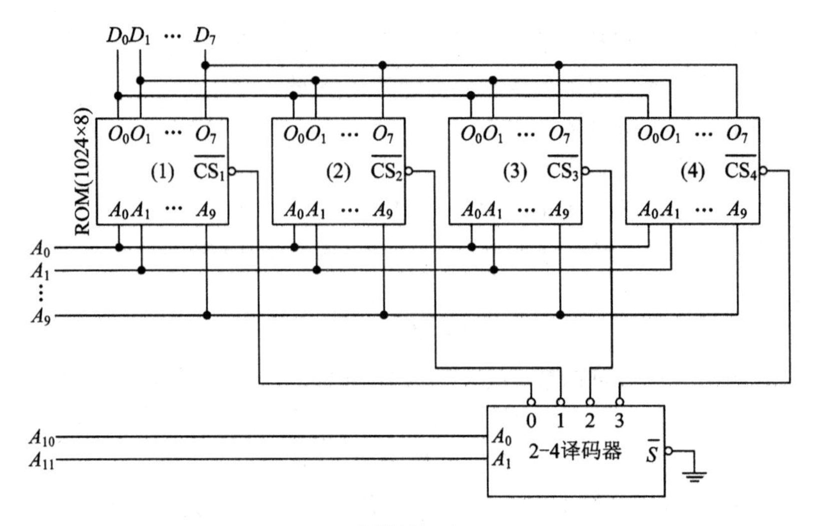

图解 8-4

8-5　图 P8-5 为 256×4 位 RAM 芯片的符号图，试用位扩展的方法组成 256×8 位 RAM，并画出逻辑图。

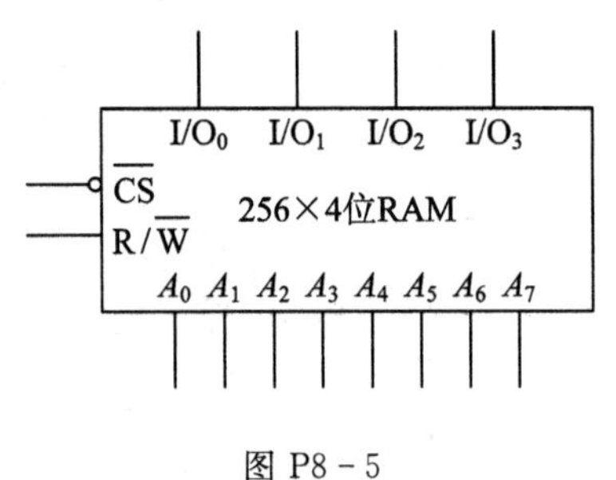

图 P8-5

解　256×8=2×256×4，因此组成 256×8 的 RAM 需要两片 256×4 的 RAM。

将两片 RAM 的输入 $A_0 \sim A_7$、$\overline{CS}$、$R/\overline{W}$ 分别对应接在一起。每一片 RAM 的输出 $I/O_0 \sim I/O_3$ 作为整个 RAM I/O 输出的一部分。电路如图解 8-5 所示。

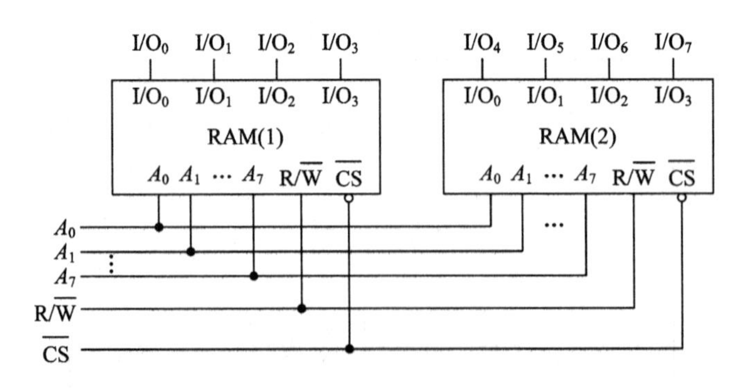

图解 8-5

8-6　已知 4×4 位 RAM 如图 P8-6 所示。如果把它们扩展成 8×8 位 RAM：

(1) 试问需要几片 4×4 RAM?

(2) 画出扩展电路图。

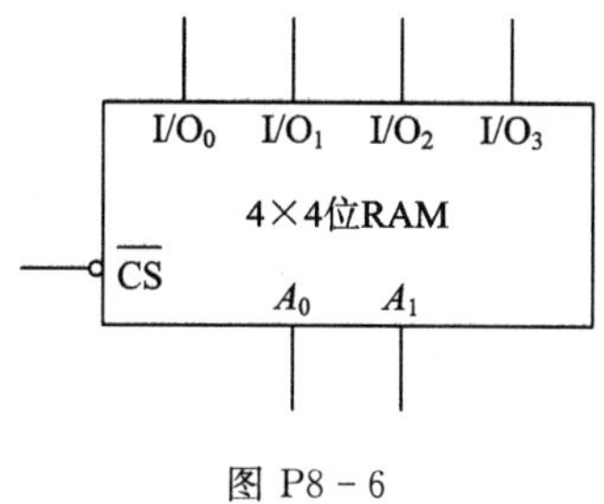

图 P8－6

解 (1) 需要 4 片 4×4 RAM。

(2) 电路如图解 8－6 所示。

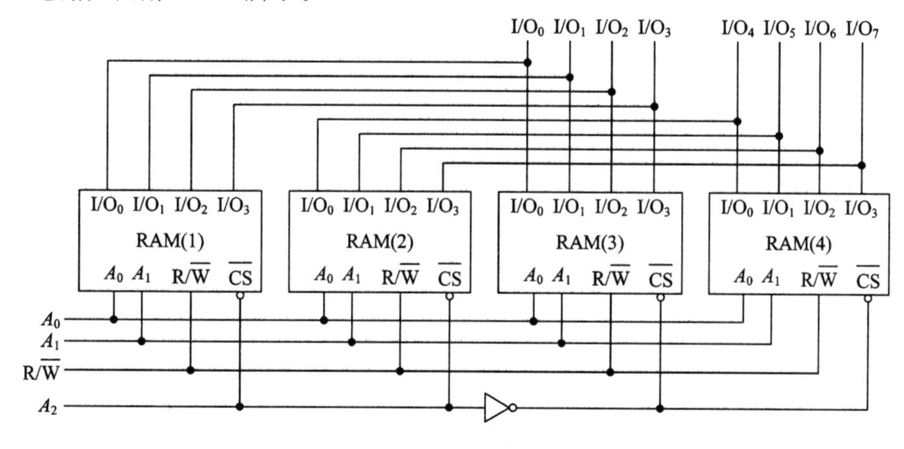

图解 8－6

8－7 试用 ROM 实现下列多输出函数：

$$F_1 = \overline{A}\overline{B} + A\overline{B} + BC$$

$$F_2 = \sum m(3, 4, 5, 6)$$

$$F_3 = \overline{A}\overline{B}\overline{C} + \overline{A}\overline{B}C + \overline{A}BC + ABC$$

解 $F_1 = \sum m(0, 1, 3, 4, 5, 7)$

$$F_2 = \sum m(3, 4, 5, 6)$$

$$F_3 = \sum m(0, 1, 3, 7)$$

阵列图如图解 8－7 所示。

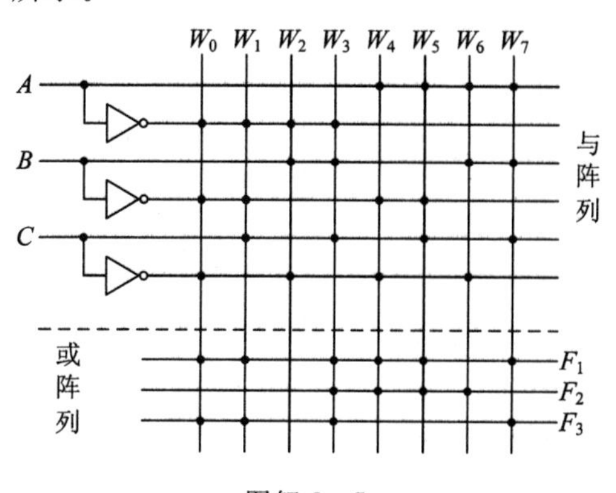

图解 8－7

8－8　试用ROM实现8421 BCD码至余3码的转换器。

解　输入8421 BCD码，故$n=4$。输入变量A、B、C、D分别送至ROM的A_3、A_2、A_1、A_0端，输出余3码，故$m=4$。$E_3E_2E_1E_0$分别从$D_3D_2D_1D_0$端输出。根据输出、输入之间的逻辑关系(真值表略)可得：

$$E_3(A, B, C, D) = \sum m(5, 6, 7, 8, 9)$$

$$E_2(A, B, C, D) = \sum m(1, 2, 3, 4, 9)$$

$$E_1(A, B, C, D) = \sum m(0, 3, 4, 7, 8)$$

$$E_0(A, B, C, D) = \sum m(0, 2, 4, 6, 8)$$

(阵列图略。)

8－9　图P8－9是用16×4位ROM和同步十六进制加法计数器74LS161组成的脉冲分频电路。ROM的数据表如表P8－9所示。试画出在CP信号的连续作用下D_3、D_2、D_1、D_0输出的电压波形，并说明它们和CP信号频率之比。

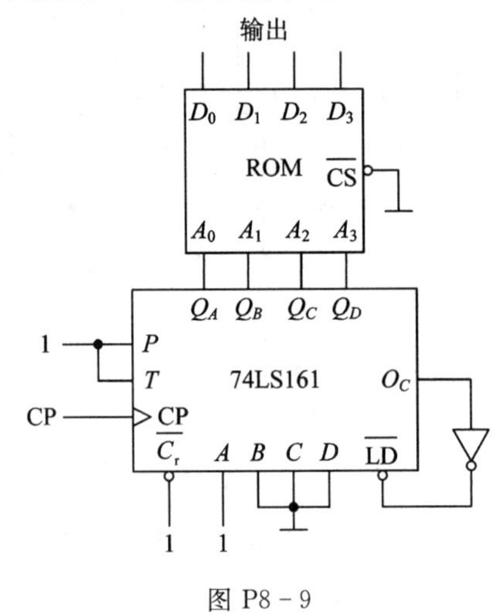

图P8－9

表P8－9

地址输入				数据输出				地址输入				数据输出			
A_3	A_2	A_1	A_0	D_3	D_2	D_1	D_0	A_3	A_2	A_1	A_0	D_3	D_2	D_1	D_0
0	0	0	0	1	1	1	1	1	0	0	0	1	1	1	1
0	0	0	1	0	0	0	0	1	0	0	1	1	1	0	0
0	0	1	0	0	0	1	1	1	0	1	0	0	0	0	1
0	0	1	1	0	1	0	0	1	0	1	1	0	0	1	0
0	1	0	0	0	1	0	1	1	1	0	0	0	0	0	1
0	1	0	1	1	0	1	0	1	1	0	1	0	1	0	0
0	1	1	0	1	0	0	1	1	1	1	0	0	1	1	1
0	1	1	1	1	0	0	0	1	1	1	1	0	0	0	0

解　74LS161的计数范围是0001～1111，$M=15$，ROM的$A_3A_2A_1A_0=Q_DQ_CQ_BQ_A$。根据表P8－9可画出ROM输出$D_3D_2D_1D_0$相对于CP变化的波形图如图解8－9所示。从图解8－9中可看出，各输出与CP的分频比为

$$\frac{f_{D_0}}{f_{CP}}=\frac{7}{15},\ \frac{f_{D_1}}{f_{CP}}=\frac{1}{3},\ \frac{f_{D_2}}{f_{CP}}=\frac{1}{5},\ \frac{f_{D_3}}{f_{CP}}=\frac{1}{15}$$

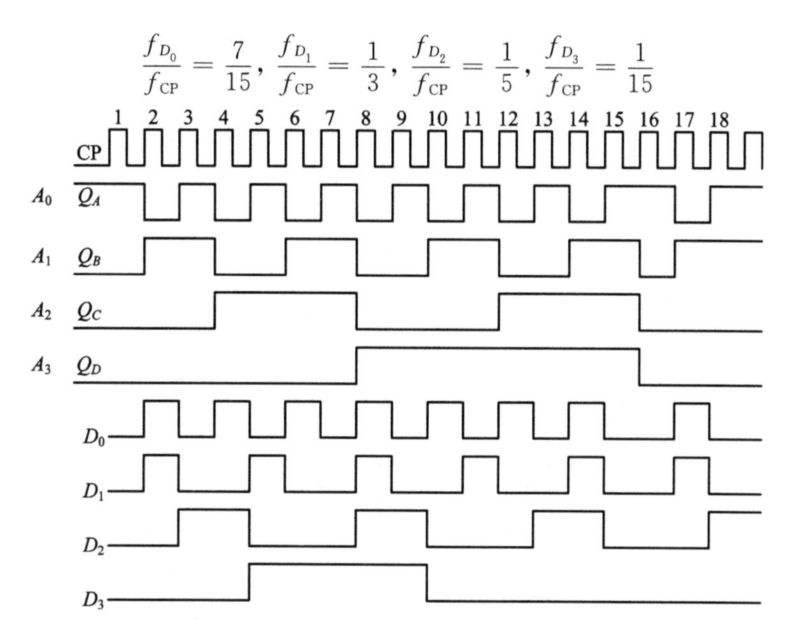

图解 8-9

8-10　试用 FPLA 实现习题 8-7 的多输出函数。

解

$$F_1=\overline{A}\overline{B}+A\overline{B}+BC=P_1+P_2+P_3$$

$$F_2=A\overline{B}+A\overline{C}+\overline{A}BC=P_2+P_4+P_5$$

$$F_3=\overline{A}\overline{B}+BC=P_1+P_3$$

FPLA 的阵列图如图解 8-10 所示。

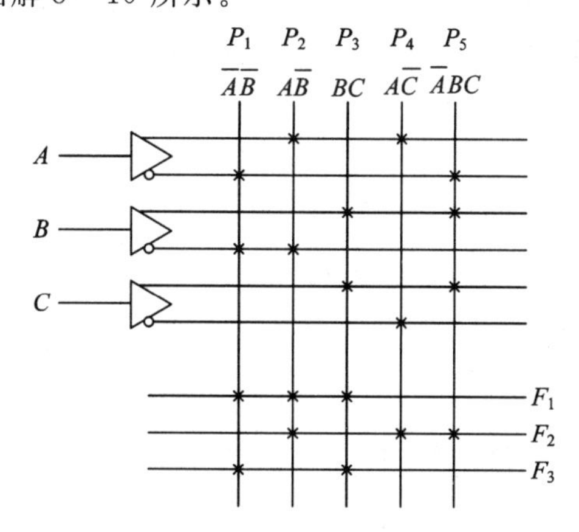

图解 8-10

8-11　试用 FPLA 实现习题 8-8 的码组转换电路。

解　化简后的余 3 码输出方程为

$$E_3=A+BD+BC$$

$$E_2=B\overline{C}\overline{D}+\overline{B}C+\overline{B}D$$

$$E_1=\overline{C}\overline{D}+CD$$

$$E_0=\overline{D}$$

共用 9 个乘积项(阵列图略)。

8－12 试用 FPLA 和 D 触发器实现一个模 8 加/减法计数器。

解 设 $X=0$ 进行加法计数，$X=1$ 进行减法计数。

实现模 8 加/减法计数器需要 3 个 D 触发器，其激励方程为

$$D_2=Q_2^{n+1}=\overline{X}[Q_2\oplus(Q_1Q_0)]+X[Q_2\oplus(\overline{Q}_1\overline{Q}_0)]$$
$$=\overline{X}\overline{Q}_2Q_1Q_0+X\overline{Q}_2\overline{Q}_1\overline{Q}_0+\overline{X}Q_2\overline{Q}_1+XQ_2Q_0+\overline{X}Q_2\overline{Q}_0+XQ_2Q_1$$
$$D_1=Q_1^{n+1}=\overline{X}(Q_1\oplus Q_0)+X(Q_1\oplus\overline{Q}_0)=\overline{X}\overline{Q}_1Q_0+\overline{X}Q_1\overline{Q}_0+XQ_1Q_0+X\overline{Q}_1\overline{Q}_0$$
$$D_0=Q_0^{n+1}=\overline{X}\overline{Q}_0+X\overline{Q}_0=\overline{Q}_0$$

FPLA 的阵列图如图解 8－12 所示。

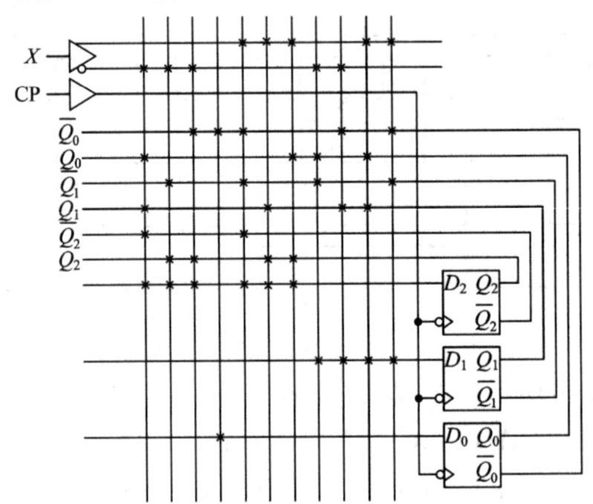

图解 8－12

8－13 试用 FPLA 和 JK 触发器实现一个模 9 加法计数器。

解 模 9 加法计数器需用 4 个 JK 触发器，其激励方程为

$$J_3=Q_2Q_1Q_0，K_3=1$$
$$J_2=K_2=Q_1Q_0$$
$$J_1=K_1=Q_0$$
$$J_0=\overline{Q}_3，K_0=1$$

FPLA 的阵列图如图解 8－13 所示。

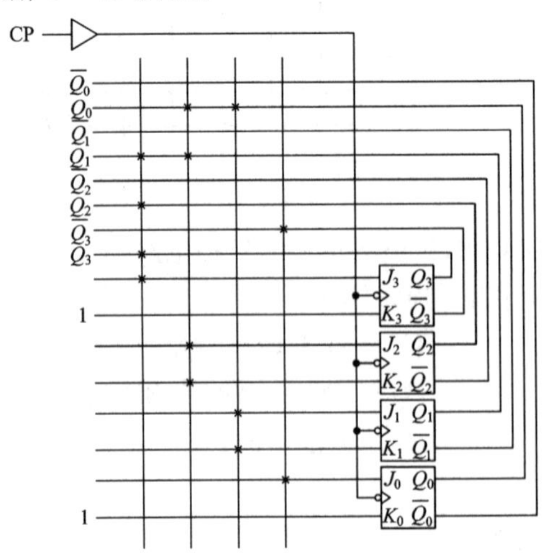

图解 8－13

8－14　可编程逻辑器件有哪些种类？它们的共同特点是什么？

答　可编程逻辑器件分为低密度(LDPLD)和高密度(HDPLD)两类。LDPLD 的集成密度通常小于 1000 等效门/片。

LDPLD 包括 PROM、FPLA、PAL、GAL 四种。

HDPLD 包括 EPLD、CPLD、FPGA 三种。

其共同特点是：PLD 可编程逻辑器件的逻辑功能均可以由用户对器件进行编程来设定。由于 PLD 集成度很高，通常可以将一个数字系统集成在一片 PLD 上，因此，采用 PLD 设计数字系统提高了设计的灵活性，编程、修改很方便。它不仅缩短了设计周期，而且减小了系统的体积、功耗，并提高了系统的可靠性。

8－15　比较 GAL 和 PAL 器件在电路结构形式上有何异同点。

答　PAL 和 GAL 都属于 LDPLD，其内部阵列结构基本相同，都是由可编程的与阵列、固定的或阵列和输出电路三部分组成的。

PAL 和 GAL 的不同之处有两点：

(1) 编程方式不同：PAL 采用熔丝编程方式，只能一次性编程；GAL 采用了 E^2CMOS 编程，可反复擦除并反复编程上百次。

(2) 输出结构不同：PAL 有几种固定的输出结构，选定芯片型号后，其输出结构也就确定了。GAL 器件的输出端设置了可编程的逻辑宏单元(OLMC)，通过编程可以将 OLMC 设置成不同的输出方式，因此同一型号的 GAL 器件可以实现 PAL 器件的各种工作模式，即可以取代大部分 PAL 器件。

8－16　比较 CPLD 和 FPGA 可编程逻辑器件的异同。

答　CPLD 是从 PAL 和 GAL 发展起来的 HDPLD，大多数采用 CMOS、EPROM、E^2PROM 等编程技术，因而具有高密度、高速度和低功耗等特点。一般 CPLD 中包含三种结构：可编程逻辑宏单元、可编程 I/O 单元和可编程内部连线。这种结构的优点是信号传输时间较短，且可预知。

FPGA 的内部结构与阵列型 CPLD 不同，它采用了类似于掩膜编程门阵列的通用结构，其内部由许多独立的可编程逻辑单元模块组成，每个逻辑单元是可编程的，单元之间可以灵活地互相连接，没有与－或阵列结构的局限性。FPGA 多数采用 CMOS－SRAM 工艺制作，编程数据存放在片内 SRAM 中，一旦停电数据便会丢失，因此每次工作前需要重新装载编程数据。FPGA 的内部时延与器件结构和逻辑布线等有关，因此，它的信号传输延迟时间不是确定的。

8－17　可编程逻辑器件常用的编程元件有几类？它们各有什么特点？

答　可编程逻辑器件中常用的可编程元件有四类：

(1) 一次性编程的熔丝或反熔丝元件。

(2) 紫外线擦除、电可编程的 EPROM 存储单元。

(3) 电擦除、电可编程存储单元，它又分为 E^2PROM 和快闪(Flash)存储单元。

(4) 基于静态存储器(SRAM)的编程元件。

8－18　可编程逻辑器件的设计流程主要有哪几步？

答　可编程逻辑器件的设计流程主要有设计输入、设计处理、设计校验和器件编程四步。

（1）设计输入：通常有原理图输入、硬件描述语言输入、波形输入三种方式。

（2）设计处理：编译软件对设计输入文件进行逻辑化简、综合和优化，并适当地用一片或多片器件自动进行适配，最后产生编程用的编程文件。

（3）设计校验：包括功能仿真和时序仿真。功能仿真是在设计输入完成之后，选择器件进行编译之前进行的逻辑功能验证，又称为前仿真，此时没有延迟信息；时序仿真是在选择了器件并完成了布局、布线之后进行的时序关系仿真，又称为后仿真。

（4）器件编程：将编程数据装到具体的可编程逻辑器件中。

第 9 章　数/模和模/数转换器

9.1　基本要求、基本概念及重点、难点

1. 基本要求

(1) 熟悉 D/A 转换器的基本工作原理(包括权电阻网络 D/A 转换器和倒 T 型网络 D/A转换器)和D/A 转换器的主要技术指标(分辨率、转换精度和建立时间)。

(2) 熟悉 A/D 转换器的基本工作原理(取样保持、量化编码)和 A/D 转换器的主要技术指标(分辨率、转换速率和相对精度)。熟悉计数斜波式 A/D 转换器、逐次逼近式 A/D 转换器、双积分型 A/D 转换器和并联比较型 A/D 转换器的基本工作原理和基本性能。

(3) 掌握 8 位集成 D/A 转换器 DAC0832 的工作原理和使用方法。

(4) 掌握 8 位集成 A/D 转换器 ADC0809 的工作原理和使用方法。

2. 基本概念及重点、难点

为了用数字技术处理模拟信号，必须把模拟信号转换成数字信号，才能送入数字系统进行处理。同时，往往还需把处理后的数字信号转换成模拟信号，作为最后的输出。从模拟信号到数字信号的转换称为模/数转换，也称为 A/D 转换，从数字信号到模拟信号的转换称为数/模转换，也称为 D/A 转换。

9.2　习 题 解 答

9-1　教材中图 9.2.2 所示的权电阻网络 DAC 电路中，当 $U_R=-10$ V，$R_f=\frac{1}{2}R$，$n=6$ 时，试求：

(1) 当 LSB 由 0 变为 1 时，输出电压的变化值。

(2) 当 $D=110101$ 时，输出电压的值。

(3) 最大输入数字量的输出电压 U_m。

解　(1) $U_{LSB}=\frac{U_m}{2^n-1}=\frac{-U_R}{2^n}=0.156$ V

(2) $U_o=\frac{-U_R}{2^n}\sum_{i=0}^{n-1}D_i2^i=\frac{10}{2^6}\times 53\approx 8.28$ V

(3) $U_m=\frac{-U_R}{2^n}(2^n-1)=\frac{10}{2^6}\times(2^6-1)\approx 9.84$ V

9－2　已知某DAC电路的最小分辨电压$U_{LSB}=5$ mV，最大满刻度电压$U_m=10$ V，试求该电路输入数字量的位数和基准电压U_R。

解　$n=11$，$U_R=-10$ V。

9－3　某8位ADC电路输入模拟电压满量程为10 V，当输入下列电压值时，转换成多大的数字量？

59.7 mV、3.46 V、7.08 V。

解　(1) $D=00000001$。

(2) $D=01011000=58H$。

(3) $D=10110100=B4H$。

9－4　一个12位ADC电路，其输入满量程是$U_m=10$ V，试计算其分辨率。

解　分辨率电压$U_{LSB}=\frac{10}{2^{12}-1}\approx 2.4$ mV。

9－5　对于满刻度为10 V的要达到1 mV的分辨率，A/D转换器的位数应是多少？当模拟输入电压为6.5 V时，输出数字量是多少？

解　$n=14$，因为

$$U_i=\frac{U_m}{2^n-1}D$$

所以

$$D=\frac{(2^n-1)U_i}{U_m}=\frac{U_i}{U_{LSB}}=6.5\times\frac{(2^{14}-1)}{10}=10100110011001=2999H$$

9－6　对于一个10位逐次逼近式ADC电路，当时钟频率为1 MHz时，其转换时间是多少？如果要求完成一次转换的时间小于10 μs，试问时钟频率应选多大？

解

$$T=(n+2)T_{CP}=12\ \mu s$$

若要求$T<10\ \mu s$，则

$$f_{CP}\geqslant\frac{n+2}{T}=1.2\ \text{MHz}$$

9－7　逐次逼近式A/D转换器的输入U_i和D/A转换器的输出波形U_o近似如图P9－7(a)、(b)所示。根据其波形，试说明A/D转换结束后，电路输出的二进制码是多少？如果A/D转换器的分辨率是1 mV，则U_i又是多少？

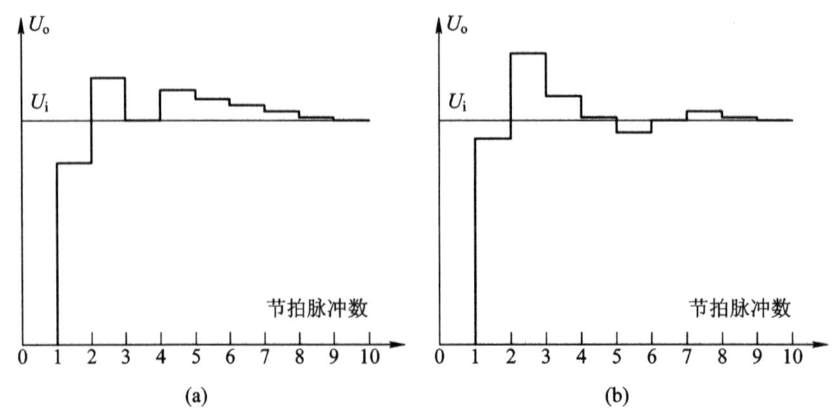

图P9－7

解

$$U_{\mathrm{i}} = -\frac{U_{\mathrm{R}}}{2^n}\sum_{i=0}^{n-1} D_i 2^i$$

根据：

$$\begin{cases} U_{\mathrm{m}} = \dfrac{-(2^n-1)}{2^n}U_{\mathrm{R}} \\ U_{\mathrm{LSB}} = \dfrac{U_{\mathrm{m}}}{2^n-1} \end{cases}$$

可得：

$$U_{\mathrm{i}} = -\frac{U_{\mathrm{R}}}{2^n}\sum_{i=0}^{n-1} D_i 2^i = U_{\mathrm{LSB}} \times D$$

故对于图 P9－7(a)：

D=10100000=A0H，　$U_{\mathrm{i}}=1\times10^{-3}\times160=160\ \mathrm{mV}$

对于图 P9－7(b)：

D=10001100=8CH，　$U_{\mathrm{i}}=1\times10^{-3}\times140=140\ \mathrm{mV}$

第 10 章　VHDL 硬件描述语言简介

10.1　基本要求、基本概念及重点、难点

1. 基本要求

(1) 掌握 VHDL 程序的基本结构，了解 VHDL 的基本语法。

(2) 熟悉用 VHDL 描述常用组合逻辑电路的基本方法。

(3) 熟悉用 VHDL 描述常用时序逻辑电路的基本方法。

(4) 了解有限状态机的基本概念及用 VHDL 设计有限状态机的方法。

2. 基本概念及重点、难点

1) VHDL 程序的基本结构

VHDL 程序的基本结构是一个设计实体，其模型结构如图 10－1 所示。图 10－1 中，库里存放已编译的实体、结构体、程序包和配置；程序包存放各设计模块都能共享的数据类型、常数和子程序等；实体用来描述设计实体的名称和外部接口信号；结构体用来描述设计实体的内部结构和行为、功能；配置用来选取库中所需单元以组成系统设计的不同版本。

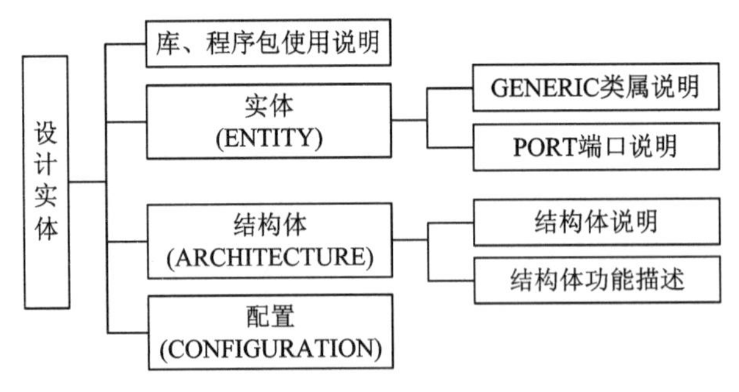

图 10－1

一个相对完整的 VHDL 程序至少应包含三个基本组成部分：① 库、程序包使用说明；② 实体；③ 结构体。

2) VHDL 结构体的描述方法

VHDL 结构体的描述主要有行为描述、数据流描述和结构描述三种方法。

(1) 行为描述是对设计实体按算法形式描述数据的变换和传送，它不涉及电路的具体结构，只描述实体输入、输出间转换的行为，是一种高层次的描述。例如，教材中的例

10.6.3、例 10.6.4、例 10.6.5 等都属于这种方法。

(2) 数据流描述是根据逻辑表达式描述实体的输入到输出之间的信号流向(即逻辑变换),也称为逻辑描述。例如,教材中的例 10.6.1 属于这种方法。

(3) 结构描述是描述实体内部的逻辑结构,它主要使用元件例化语句和配置指定语句描述元件的类型和元件互连关系。结构描述是一种层次化的设计,对于复杂的实体,可按其不同的硬件电路功能划分成若干部分,对各部件同时进行设计,因此有利于多个设计人员进行协作。

3) VHDL 主要描述语句

VHDL 的基本描述语句有顺序描述语句和并行描述语句两类。

顺序语句是相对于并行语句而言的,其特点是每一条语句的执行顺序与其书写顺序一致。顺序语句只能出现在进程(PROCESS)和子程序中,但进程本身属于并行语句。在同一设计实体中,所有的进程是并行执行的,即进程与进程之间是并发的,这是 VHDL 的特点。

VHDL 中常用的顺序描述语句有:信号和变量赋值、if 语句、case 语句、wait 语句、loop 语句、next 语句等。常用的并行描述语句有:进程(PROCESS)语句、并行信号赋值语句、块(BLOCK)语句、元件例化(COMPONENT)语句等。

在使用进程进行电路功能描述时,要注意正确描述进程中的敏感信号表。

4) 常用组合电路、时序电路的 VHDL 描述

(1) 用 VHDL 设计组合逻辑电路时,可借助电路的逻辑表达式、真值表、器件功能表等进行设计。在描述方式上,可采用行为描述、数据流描述和结构描述三种方式中的任何一种,也可以混合使用。

(2) 用 VHDL 设计时序逻辑电路时,可借助时序电路的状态表、状态机(图)、器件功能表等进行设计,同时还需注意以下几点。

① 在时序逻辑电路中,使输出状态发生变化的推动因素是时钟信号,此外电路的初始状态要由复位信号来设置,因此必须熟练掌握时钟信号和复位信号的描述方法。

② 设计常用时序电路(如计数器、移位寄存器等模块)时,应首先按计数器、移位寄存器的功能确定位数(触发器个数)、状态变化范围;然后确定时钟信号的触发方式;再确定输入控制信号(如计数使能、清零或复位、置数、右移、左移、工作方式选择等)是同步还是异步控制;最后确定进位(或借位)输出等工作方式后开始写程序。

③ 采用状态机设计时序电路时,应首先画出状态转移图,通常用枚举类型数据来定义状态机的状态,并使用多进程方式来描述状态机的内部逻辑。例如,时序逻辑电路与组合逻辑电路可分别采用不同的进程进行描述,从而使状态机的次态逻辑、输出逻辑和状态寄存器的描述均有不同的风格(具体可参看教材)。

10.2 习题解答

10-1 试用 VHDL 描述一个一位全加器电路。

解 全加器框图如图解 10-1 所示。

程序设计如下：

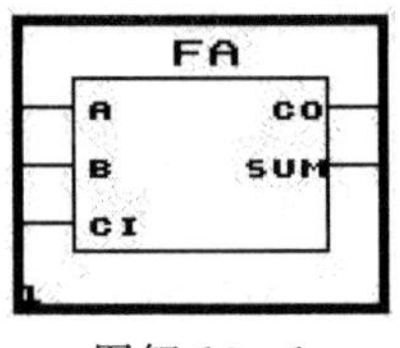

图解 10－1

```
library ieee;
use ieee.std_logic_1164.all;

entity fa is                                -- 实体描述
port
    ( a,b,ci      : in std_logic;           -- a 为加数，b 为被加数，ci 为低位来的进位
      co, sum     : out std_logic );        -- co 为向高位的进位，sum 为本位和
end fa;

architecture behave of fa is                -- 结构体描述
begin
    sum <= a xor b xor ci;                  -- sum=a⊕b⊕c
co <= ((a xor b) and ci) or (a and b);      --co=(a⊕b)·ci+a·b

end behave;
```

10－2　试编写两个 4 位二进制相减的 VHDL 程序。

解　4 位二进制相减器的框图如图解 10－2 所示。

程序设计如下：

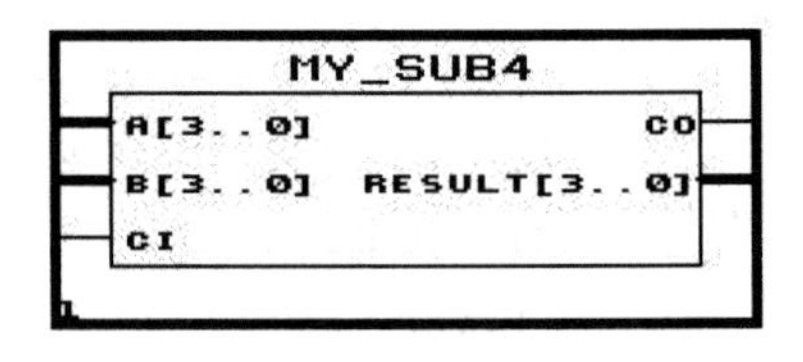

图解 10－2

```
library ieee;
use ieee.std_logic_1164.all;
use ieee.std_logic_unsigned.all;

entity my_sub4 is
    port
    (
        a      : in std_logic_vector(3 downto 0);   -- a 为被减数
        b      : in std_logic_vector(3 downto 0);   -- b 为减数
        ci     : in std_logic;                      -- ci 为低位借位
        co     : out std_logic;                     -- co 为高位借位
        result : out std_logic_vector(3 downto 0)   -- result 为相减结果
    );
end my_sub4;

architecture behave of my_sub4 is                   --结构体描述
  signal s: std_logic_vector(4 downto 0);           --定义内部信号
    begin
    s <= ('0'&a )-('0'&b)-("0000"&ci);              -- s=a-b-ci
    result <= s(3 downto 0);      --产生 4 位相减结果，当结果为负数时，以补码形式表示
    co <= s(4);                   --产生向高位的借位，也是相减结果的符号位，当结果为负数时，
                                    该位为“1”，否则为“0”
end behave;
```

10－3　试用 VHDL 描述一个 3－8 译码器。

解　3－8 译码器框图如图解 10－3 所示。

图解 10－3

程序设计如下：

```
library ieee;
use ieee.std_logic_1164.all;

entity my_3to8decoder is                          -- 实体描述

  port
    ( e1,e2,e3 : in std_logic;                    -- 使能输入信号
          a : in std_logic_vector(2 downto 0);    -- 3 位地址输入
          y : out std_logic_vector(7 downto 0)    -- 8 位译码输出
    );

  end my_3to8decoder;

architecture behave of my_3to8decoder is          -- 结构体描述

begin
  process(a)
    begin
    if (e1='1' and e2='0' and e3='0') then        -- 使能信号有效时才译码
      case a is
        when "000" =>y <= "11111110";
        when "001" => y<= "11111101";
        when "010" => y <= "11111011";
        when "011" => y <= "11110111";
        when "100" => y <= "11101111";
        when "101" => y <= "11011111";
        when "110" => y <= "10111111";
        when "111" => y <= "01111111";
        when others => y <= null;
      end case;
    else                                          -- 使能信号无效时，输出为全 1
      y <= "11111111";
    end if;
  end process;
end behave;
```

10－4　试用 VHDL 描述一个 8421 BCD 优先编码器。

解　8421 BCD 优先编码器框图如图解 10－4 所示。

程序设计如下：

BCD_ENCODER
I[9..0] Y[3..0]

图解 10-4

```
library ieee;
use ieee.std_logic_1164.all;

entity bcd_encoder is                              -- 实体描述
port( I : in std_logic_vector(9 downto 0) ;       -- 10 位编码输入
      y : out std_logic_vector(3 downto 0)        -- 4 位编码输出
    );
end bcd_encoder;

architecture arc of bcd_encoder is                 -- 结构体描述
begin
process(I)                                         -- I(9 downto 0)为敏感变量
begin                                              -- if 语句进行描述
if I(9)='0' then                                   -- I(9) 优先级最高，相应编码为"1001"
    y<="1001";
elsif I(8)='0' then
    y<="1000";
elsif I(7)='0' then
    y<="0111";
elsif I(6)='0' then
    y<="0110";
elsif I(5)='0' then
    y<="0101";
elsif I(4)='0' then
    y<="0100";
elsif I(3)='0' then
    y<="0011";
elsif I(2)='0' then
    y<="0010";
elsif I(1)='0' then
    y<="0001";
else                                               -- 当 I(9)～I(1)均无效时，编码为"0000"，
    y<="0000";                                     --   即为 BCD 码的 0 输出
end if;
end process;
end arc;
```

10-5 试用 if 语句描述一个 4 选 1 数据选择器。

解 4 选 1 数据选择器框图如图解 10-5 所示。

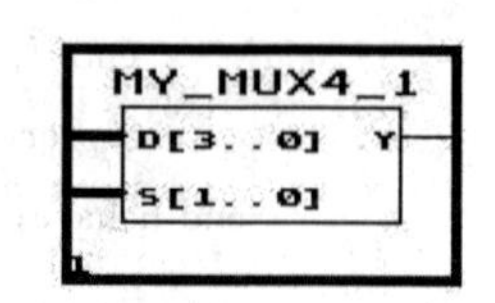

图解 10-5

程序设计如下：

```
library ieee;
use ieee.std_logic_1164.all;
```

```
entity my_mux4_1 is                                -- 实体描述
port ( d:in std_logic_vector(3 downto 0);          -- 4 位数据输入
       s:in std_logic_vector(1 downto 0);          -- 2 位选择输入
       y:out std_logic                             -- 1 位输出
     );
end my_mux4_1;

architecture behavior of my_mux4_1 is              -- 结构体描述
begin
process(s,d)
variable muxval : std_logic;
begin
muxval :='0';
if s="00" then                                     -- 当 s="00"时，选择 d(0)
     muxval := d(0);
elsif s="01" then                                  -- 当 s="01"时，选择 d(1)
     muxval := d(1);
elsif s="10" then                                  -- 当 s="10"时，选择 d(2)
     muxval := d(2);
elsif s="11" then                                  -- 当 s="11"时，选择 d(3)
     muxval := d(3);
else null;
end if;
     y <= muxval;
end process;
end behavior;
```

10-6　用 VHDL 描述时序电路时，时钟和复位信号的描述有哪几种方法？它们各有什么特点？

解　(1) 时钟信号通常分为边沿触发和电平触发两种形式。

① 时钟信号边沿触发的描述方法主要如下：

a. 使用 if (clk'event and clk='1') then 语句对 clk 信号的边沿进行判断。clk'event 表示 clk 信号发生变化，若变化后的结果 clk='1'，则表明 clk 发生上跳变化，即产生时钟上升沿；若变化后的结果 clk='0'，则表明 clk 发生下跳变化，即产生时钟下降沿。(具体可参看教材)

b. 使用 rising_edge(clk)语句或 falling_edge(clk) 语句描述时钟边沿。这两种语句是 VHDL 在 ieee 库中标准程序包 std_logic_1164 内的预定义函数，所以 clk 数据类型必须是 std_logic 数据类型。

例如：

```
process(clk)
   begin
     if rising_edge(clk) then        --clk 上升沿来到，则执行下面的语句
```

```
          q<=d;
        end if;
    end process;
```

注意：

· 以上两种方法 clk 都出现在敏感信号表中。

· 在 VHDL 中，用于描述时钟信号的 if 语句可省去 else 语句。

c. 使用 wait until 语句描述时钟边沿。

例如：

```
    process
      begin
        wait until clk'event and clk='1';
          q<=d;
      end process;
```

以上语句表示若 clk 当前值不是'1'，则保持输出值不变，直到 clk 变为'1'时，对 q 重新赋值更新。

使用 wait until 语句后，不必列出敏感信号。

② 时钟信号电平触发的描述可直接使用 if 语句对 clk 信号的电平进行判断。clk='1'表示时钟高电平有效；clk='0'表示时钟低电平有效。

(2) 时序电路的复位信号有同步复位和异步复位两种。

① 同步复位受时钟控制，即当时钟触发沿到达且复位信号有效时，时序电路复位(语句格式可参看教材)。

② 异步复位不受时钟控制，一旦复位信号有效，时序电路就会复位。在异步复位的时序电路中，process 语句的敏感量是复位和时钟两个信号。(可参见教材例 10.6.10、例 10.6.11、例 10.6.12 等)

10-7 用 VHDL 描述任意模值二进制计数器和任意模值十进制计数器有何区别？

解 二进制计数器与十进制计数器的主要区别是进位不同。

二进制计数器按二进制进位规律进行计数。由 n 位触发器组成的二进制计数器，其模值 $M=2^n$，计数器的状态在 $0\sim2^n-1$ 范围内循环变化。

十进制计数器是只有 10 个不同状态的计数器。计数序列从 0000 到 1001 的十进制计数器也称为 8421 BCD 码计数器(简称 BCD 计数器)，广泛用于对脉冲或事件进行计数和需要数码管显示的场合。模值大于 10 的十进制计数器应由若干个 BCD 计数器级联组成，每一个低位 BCD 计数器计满 10 个状态后便向高一位 BCD 计数器进 1。

由于 VHDL 是按二进制进位规律描述计数器的，因此设计二进制的任意模值计数器较容易(参见教材例 10.6.12)。

设计十进制的任意模值计数器时，必须增加约束条件，即判断每一位十进制数是否满足其进位条件后再往下执行(参见教材例 10.6.12)。也可以采用先设计一个模 10 计数器，然后由多个模 10 计数器模块组成大模值十进制计数器的方法来实现。

需要强调的是，无论采用中规模器件原理图方式还是硬件描述语言方式设计计数器，都应尽量采用同步技术，使计数器在一个计数序列中，所有的位同时改变状态，以避免过度状态(虚假状态)的出现。

10-8　分频器和计数器有何区别? 用 VHDL 描述分频器时应注意什么问题?

解　分频器的主要功能是降低信号的频率，其工作过程与计数器相似，都是在输入脉冲信号的作用下完成若干个状态的循环运行。例如，若将 1 MHz 的时钟信号降低到 100 kHz，需要进行 10 倍的分频，则可以设计一模 10 计数器，即将 1 MHz 信号作为计数器的时钟输入，使计数器每经过 10 个状态在其输出端输出一个脉冲，这样计数器输出信号的周期是时钟输入信号周期的 10 倍，即输出信号频率为输入时钟频率的 1/10。因此，分频器也是计数器，其分频系数与计数器的模值相同。

分频器与计数器的区别在于：在分频器中可以不关心计数器的状态编码，只要模值正确就可以，而计数器往往对状态编码是有要求的。

用 VHDL 描述分频器时，应首先确定分频系数，然后根据 $M \leqslant 2^n$ 确定计数器的位数、计数范围后再进行设计(参见教材例 10.6.14)。

10-9　试用 VHDL 描述一个具有异步复位、同步置数、同步计数使能的 8 位二进制加/减法计数器。

解　8 位二进制加/减法计数器框图如图解 10-9 所示。

COUNTER8
CLK
RESET
LOAD
UPDOWN
D[7..0]
Q[7..0]

图解 10-9

程序设计如下：

```
library ieee;
use ieee.std_logic_1164.all;
use ieee.std_logic_unsigned.all;

entity my_8counter is                              -- 实体描述
    port
    (
      clk      : in std_logic;                      -- 时钟输入
      reset    : in std_logic;                      -- 异步复位输入
      load     : in std_logic;                      -- 同步预置端
      updown   : in std_logic;                      -- 加减控制端
      d        : in std_logic_vector(7 downto 0);   -- 预置数据输入
      q        : out std_logic_vector(7 downto 0)   -- 计数器输出
    );

end my_8counter;

architecture rtl of my_8counter is
    signal cnt : std_logic_vector(7 downto 0);     -- 定义内部信号
begin
    process (reset, clk)                            -- reset、clk 是敏感变量
    begin
      if reset='0' then                             -- 如果 reset='0'，则异步复位
        cnt<= (others => '0');
      elsif clk'event and clk='1' then
```

```
        if load ='1' then                    -- 如果 load='1', 则同步预置
          cnt<=d;
        else
          if updown = '0' then               -- 如果 load='0', updown = '0', 则加计数
            cnt<= cnt+1;
          else                               -- 如果 load='0', updown = '1', 则减计数
            cnt<= cnt-1;
          end if;
        end if;
      end if;
    end process;
    q <= cnt;
end rtl;
```

10-10　试用 VHDL 设计一个 $M=100$ 的二进制加法计数器。

解　$M=100$ 的二进制加法计数器框图如图解 10-10 所示。

程序设计如下：

图解 10-10

```
library ieee;
use ieee.std_logic_1164.all;
use ieee.std_logic_unsigned.all;

entity my_100counter is
  port
  (
    clk      : in std_logic;                        -- 时钟输入
    reset    : in std_logic;                        -- 异步复位端
    enable   : in std_logic;                        -- 计数使能
    q        : out std_logic_vector(7 downto 0);    -- 计数状态输出
    oc       : out std_logic                        -- 进位输出
  );
end my_100counter;

architecture rtl of my_100counter is
  signal cnt: std_logic_vector(7 downto 0);         -- 定义内部信号
begin
  process (clk)                                     -- 描述计数过程的 process
  begin
    if clk'event and clk='1' then
      if reset = '1' then                           -- 如果 reset = '1', 则同步复位
        cnt <=(others => '0');
      elsif enable = '1' then                       -- 当 reset = '0', enable = '1'时
        if cnt<99 then                              -- 如果 cnt<99, 则加 1 计数
          cnt <= cnt + 1;
```

```
        else                                          -- 否则，计数值赋为全零
          cnt <=(others => '0');
        end if;
      end if;
    end if;
  end process;

  process(cnt)                                        -- 描述进位端的 process
  begin
    if cnt="1100011" then                             -- 如果 cnt=99，则 oc='1'
      oc <='1';
    else
      oc<='0';                                        -- 否则 oc='0'
    end if;
  end process;
  q <= cnt;                                           -- 计数状态输出
end rtl;
```

10 - 11　试用 VHDL 设计一个 $M=78$ 的十进制加法计数器。

解　$M=78$ 的十进制加法计数器框图如图解 10 - 11 所示。

图解 10 - 11

程序设计如下：

```
library ieee;
use ieee.std_logic_1164.all;
use ieee.std_logic_unsigned.all;

entity my_78counter is
  port
  (
    clk        : in std_logic;                        -- 时钟输入
    reset      : in std_logic;                        -- 复位端
    enable     : in std_logic;                        -- 计数使能
    ql,qh      : out std_logic_vector(3 downto 0);    -- 两位 BCD 码计数器输出
    oc         : out std_logic                        -- 进位输出
  );

end my_78counter;

architecture rtl of my_78counter is
    signal cntl,cnth: std_logic_vector(3 downto 0);
begin
  process (reset,clk)

  begin
```

```
    if reset='0' then                    -- 当 reset='0'时，异步复位
      cntl<="0000";
      cnth<="0000";
    elsif clk'event and clk='1' then
      if enable='1' then                 -- 当使能端 enable='1'时
        if(cntl=7 and cnth=7) then       -- 如果十位、个位数字计到十进制 77，则回到 00
          cntl<="0000";
          cnth<="0000";
        elsif cntl=9 then                -- 如果个位计到了 9，则十位加 1，个位回到 0
          cntl<="0000";
          cnth<=cnth+1;
        else                             -- 如果既没有计到 77，个位也没计到 9，则个位加 1
          cntl<=cntl+1;
        end if;
      end if;
    end if;
  end process;

  process(cntl,cnth)                     -- 描述进位端的 process
  begin
    if cntl=7 and cnth=7 then            -- 如果计数值为十进制 77，则 oc='1'
      oc <='1';
    else
      oc<='0';                           -- 否则 oc='0'
    end if;
  end process;

  ql <= cntl;
  qh <= cnth;
end rtl;
```

10－12　试用 VHDL 设计一个 $M=56$ 的十进制减法计数器。

解　$M=56$ 的十进制减法计数器框图如图解 10－12 所示。

程序设计如下：

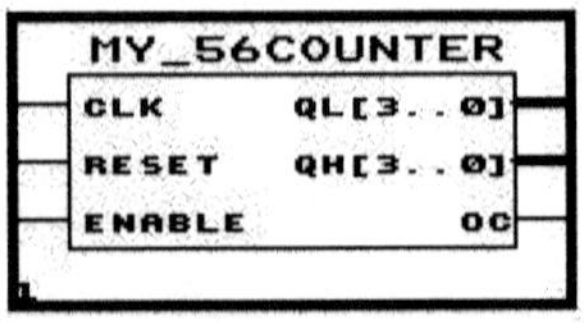

```
library ieee;
use ieee.std_logic_1164.all;
use ieee.std_logic_unsigned.all;

entity my_56counter is

  port
  (
    clk       : in std_logic;
    reset     : in std_logic;
```

MY_56COUNTER
CLK　QL[3..0]
RESET　QH[3..0]
ENABLE　OC

图解 10－12

```
    enable        : in std_logic;
    ql,qh         : out std_logic_vector(3 downto 0);
    oc            : out std_logic
  );

end my_56counter;

architecture rtl of my_56counter is
  signal cntl, cnth: std_logic_vector(3 downto 0);
begin
  process (reset,clk)

  begin
    if reset='0' then                    -- 当 reset='0'时，异步预置为十进制 55
      cntl<="0101";
      cnth<="0101";
    elsif clk'event and clk='1' then
      if enable='1' then                 -- 当使能端 enable='1'时
        if(cntl=0 and cnth=0) then -- 如果十位、个位数字计到十进制 00，则回到 55
          cntl<="0101";
          cnth<="0101";
        elsif cntl=0 then                -- 如果个位计到了 0，则十位减 1，个位回到 9
          cntl<="1001";
          cnth<=cnth-1;
        else                             -- 否则个位减 1
        cntl<=cntl-1;
        end if;
      end if;
    end if;
  end process;

  process(cntl,cnth)                     -- 描述进位端的 process
  begin
    if cntl=0 and cnth=0 then            -- 如果计数值为十进制 00，则 oc='1'
      oc <='1';
    else
      oc<='0';                           -- 否则 oc='0'
    end if;
  end process;

  ql <= cntl;
  qh <= cnth;
end rtl;
```

10－13　试用 VHDL 设计一个分频电路，要求将 4 MHz 输入信号变为 1 Hz 输出。

解　4 MHz 分频电路框图如图解 10－13 所示。

MY_4MHZ

CLK　CLKOUT

图解 10－13

程序设计如下：

```
library ieee;
use ieee.std_logic_1164.all;
use ieee.std_logic_unsigned.all;

entity my_4m is
  port
  (
    clk    : in std_logic;              -- 时钟输入
    clkout: out std_logic               -- 分频输出
  );
end my_4m;

architecture rtl of my_4m is
  signal cnt: std_logic_vector(21 downto 0);
begin
  process
  begin
    wait until clk'event and clk='1';
      if(cnt<3999999) then              -- cnt 是模为 4 000 000 的计数器
        cnt<=cnt+1;
        clkout<='0';
      else
        cnt<=(others=>'0');
        clkout<='1';
      end if;
  end process;
end rtl;
```

10－14　试用 VHDL 设计一个 16 位串行输入-并行输出移位寄存器。

解　16 位串入-并出电路框图如图解 10－14 所示。

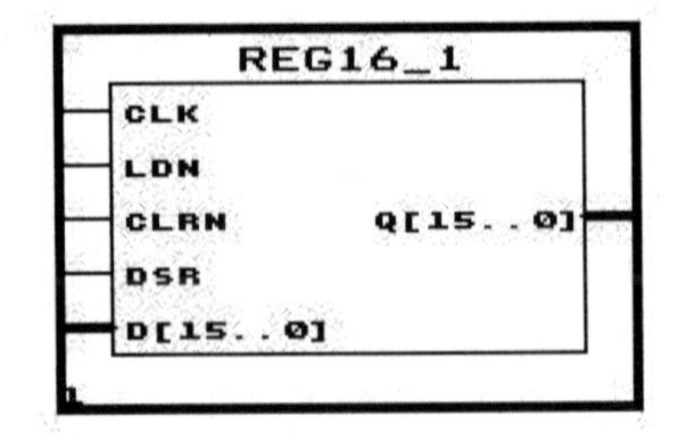

图解 10－14

程序设计如下：

```
library ieee;
use ieee.std_logic_1164.all;
use ieee.std_logic_arith.all;
use ieee.std_logic_unsigned.all;

entity reg16_1 is
  port
  (
    clk         : in std_logic;                -- 时钟输入
```

```
    ldn,clrn   : in bit;                              -- ldn 为同步预置，clrn 为异步清零
    dsr        : in std_logic;                        -- 串行数据输入
    d          : in std_logic_vector(15 downto 0);    -- 预置数据输入
    q          : out std_logic_vector(15 downto 0)    -- 并行数据输出
  );
end reg16_1;
architecture a1 of reg16_1 is
  signal sreg16: std_logic_vector (15 downto 0);
begin
process(clrn,clk,ldn,d)
begin
if clrn='0' then                                      -- 当 clrn='0'时，并行输出异步清零
  sreg16 <= "0000000000000000";
else
  if clk'event and clk='1' then
    if ldn='0' then                                   -- 当 ldn ='0'时，同步预置
      sreg16<=d;
    else
      sreg16(15 downto 1)<=sreg16(14 downto 0);       -- 当 ldn ='1'时，左移一位
      sreg16(0)<=dsr;                                 -- 串行数据输入一位
    end if;
  end if;
end if;
q<=sreg16;                                            -- 并行数据输出
end process;
end a1;
```

10－15　试用 VHDL 设计 11010 序列码发生器，循环产生 11010 序列。

解　11010 序列码发生器电路框图如图解 10－15 所示。

程序设计如下：

MY_SERIAL
CLK　Z

图解 10－15

```
library ieee;
use ieee.std_logic_1164.all;
entity my_serial is
  port(
  clk      : instd_logic;
  z        : outstd_logic
  );
end my_serial;

architecture rtl of my_serial is
  type state_type is (s0, s1, s2, s3, s4);       -- 定义状态机的状态
  signal current_state , next_state : state_type;
begin
```

```
synch : process
  begin
  wait until clk'event and clk='1';
    current_state<=next_state;
  end process;

state_trans : process(current_state)              -- 描述每种状态下电路表现的功能
begin
    case current_state is
    when s0 =>
        next_state <= s1;
        z<='1';
    when s1 =>
        next_state <= s2;
        z<='1';
    when s2 =>
        next_state <= s3;
        z<='0';
    when s3 =>
        next_state <= s4;
        z<='1';
    when s4 =>
        next_state <= s0;
        z<='0';
    end case;
  end process;
end rtl;
```

10－16　试用 VHDL 设计串行序列检测电路，当检测到连续 4 个和 4 个以上的 1 时，输出“1”，否则输出“0”。

解　串行序列码检测电路框图如图解 10－16(a)所示。

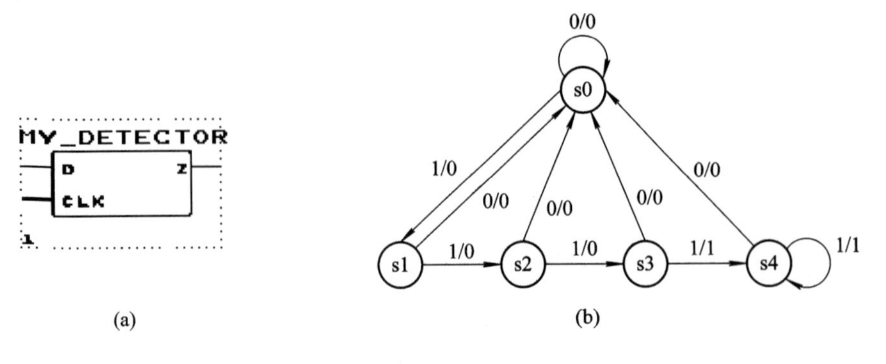

图解 10－16

该题利用状态机进行设计，总共可分为五种状态：
s0：没有检测到'1'；
s1：检测到 1 个'1'；
s2：检测到 2 个'1'；
s3：检测到 3 个'1'；
s4：检测到 4 个或 4 个以上'1'。
状态转移关系图如图解 10－16(b)所示。
程序设计如下：

```
library ieee;
use ieee.std_logic_1164.all;

entity my_detector is
  port(
    d      : instd_logic;          -- 序列输入
    clk    : instd_logic;          -- 时钟输入
    z      : outstd_logic          -- 检测结果输出
  );
end my_detector;

architecture rtl of my_detector is

  type state_type is (s0, s1, s2, s3, s4);     -- 状态定义
  signal current_state , next_state : state_type;

begin
synch : process
begin
  wait until clk'event and clk='1';
  current_state<=next_state;
  end process;

state_trans : process(current_state)  -- 每种状态下电路功能的描述
begin
next_state<=current_state;
case current_state is
when s0 =>                           -- 当前状态为 s0 时
  if d='0' then                      -- 外输入为'0'，转移到 s0，外输出为'0'
    next_state <= s0;
    z<='0';
  else
    next_state <= s1;                -- 外输入为'1'，转移到 s1，外输出为'0'
    z<='0';
```

```
  end if;
when s1 =>                          -- 当前状态为 s1 时
  if d='0' then
    next_state <= s0;               -- 外输入为'0'，转移到 s0，外输出为'0'
    z<='0';
  else
    next_state <= s2;               -- 外输入为'1'，转移到 s2，外输出为'0'
    z<='0';
  end if;
when s2 =>                          -- 当前状态为 s2 时
  if d='0' then
    next_state <= s0;               -- 外输入为'0'，转移到 s0，外输出为'0'
    z<='0';
  else
    next_state <= s3;               -- 外输入为'1'，转移到 s3，外输出为'0'
    z<='0';
  end if;
when s3 =>                          -- 当前状态为 s3 时
  if d='0' then
    next_state <= s0;               -- 外输入为'0'，转移到 s0，外输出为'0'
    z<='0';
  else
    next_state <= s4;               -- 外输入为'1'，转移到 s4，外输出为'1'
    z<='1';                         -- 表示检测到连续 4 个'1'
  end if;
when s4 =>                          -- 当前状态为 s4 时
  if d='0' then
    next_state <= s0;               -- 外输入为'0'，转移到 s0，外输出为'0'
    z<='0';
  else
    next_state <= s4;               -- 外输入为'1'，转移到 s4，外输出为'1'
    z<='1';                         -- 表示检测到连续 4 个以上'1'
  end if;
end case;
end process;
end rtl;
```

附录　模拟试题及解答

模拟试题(一)

一、填空(每小题 2 分，共 20 分)

1. $(0111\ 0101)_{余3码}=(\qquad)_{8421\ BCD码}$。

2. 逻辑代数中的三种基本运算是(　　　　)。

3. 逻辑运算：$1+1=(\qquad)$。

4. 当 A 和 B 的取值均为 0 时，$A\overline{B}+\overline{A}B=(\qquad)$。

5. 化简：$A+AB=(\qquad)$。

6. 若 $F(A, B, C)=\prod M(0, 2, 4, 5, 6)$，则它的最小项标准式是：

$$F(A, B, C)=\sum m(\qquad\qquad)$$

7. “任何组合逻辑函数都可以用或非门实现”，该说法对吗？(　　　　)。

8. 三态门的三态是指 0 、1 和(　　　　)。

9. “若 A 与 B 等价，B 与 C 不等价，则 A 与 C 不等价”，该说法对吗？(　　　　)。

10. 若要对 9 个信息编码，则至少需要(　　　　)位二进制码。

二、卡诺图化简(每小题 5 分，共 15 分)

1. $F(A, B, C, D)=\sum m(5, 7, 8, 10, 12, 13, 14, 15)$。补全图 A.1 所示的卡诺图，求函数的最简“与或”表达式，画出用“与非”门实现的电路。

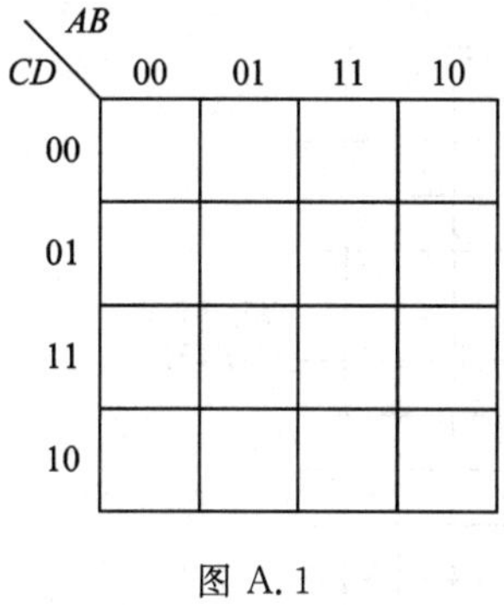

CD \ AB	00	01	11	10
00				
01				
11				
10				

图 A.1

求得 $F(A, B, C, D)=$ ________________

电路如下：

2. $F(A, B, C, D)=A\cdot B+\overline{A}\cdot B\cdot\overline{D}+A\cdot\overline{B}\cdot D$，约束条件 $A+B=1$。补全图 A.2 所示的卡诺图，求函数的最简“与或非”表达式，画出用“与或非”门实现的电路。

3. 画出 $11010(\xrightarrow{11010} t)$ 序列检测器的 Mealy 型最简原始状态图。

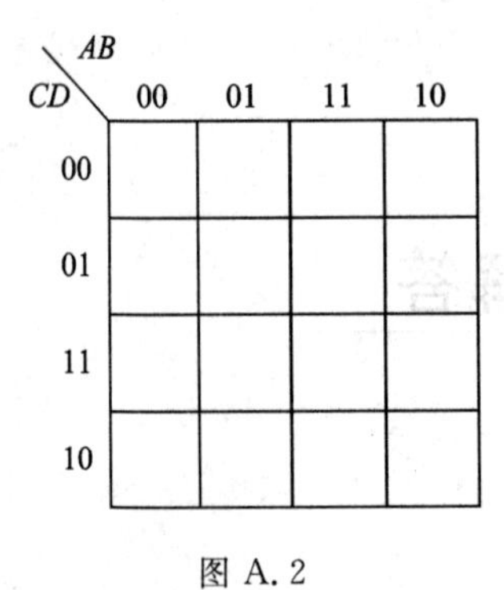

图 A.2

求得 $F(A, B, C, D)=$ ________________

电路如下：

三、组合电路的分析和设计(每小题 10 分，共计 20 分)

1. 用 3-8 译码器 74LS138 和与门或与非门设计一个全减器。设 A 为被减数，B 为减数，C 为低位的借位，F_1 为本位的差，F_2 为本位向高位的借位。要求：

(1) 填写真值表(见表 A.1)。

(2) 画出所设计的电路(见图 A.3)。

表 A.1

A	B	C	F_2	F_1
0	0	0		
0	0	1		
0	1	0		
0	1	1		
1	0	0		
1	0	1		
1	1	0		
1	1	1		

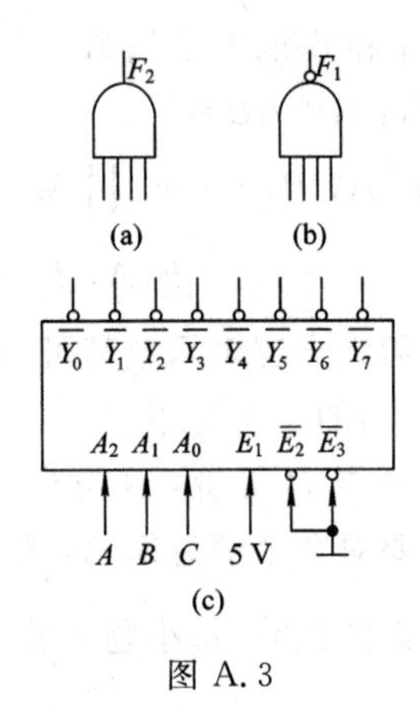

图 A.3

2. 用 $2^4\times4$ ROM 设计一个二进制数运算电路，实现 $(D_3D_2D_1D_0)_2=3\times(C_1C_0)_2+(B_1B_0)_2$，在图 A.4 中画出阵列图。

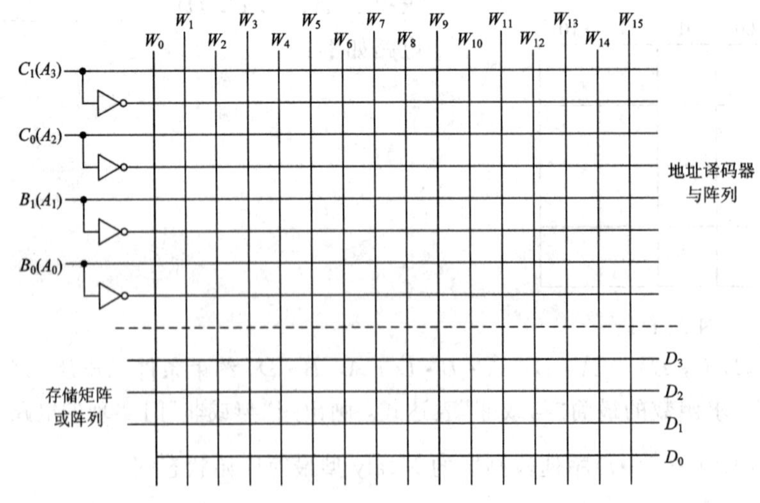

图 A.4

四、(15 分)已知一同步时序电路中，$J_1 = X \cdot Q_0$，$K_1 = \overline{X}$，$J_0 = X \cdot \overline{Q}_1$，$K_0 = \overline{X} + Q_1$，$Z = Q_1 \cdot \overline{Q}_0$。分析该时序电路，要求：

(1) 写出状态方程。

(2) 列出状态表。

(3) 画出状态图。

(4) 说明该电路的功能。

五、(15 分)用 JK 触发器设计一个其状态图如图 A.5 所示的时序电路。要求：

(1) 列出状态转移真值表。

(2) 用卡诺图求各触发器的激励函数。

(3) 画出电路。

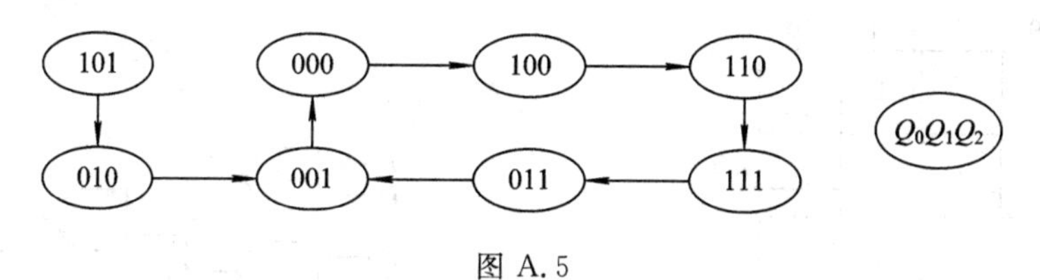

图 A.5

六、(15 分)分析如图 A.6 所示的时序电路，要求：

(1) 画出状态图。

(2) 设初始状态为 0000，画出 Z 点的波形。

(3) 说明该电路的功能。

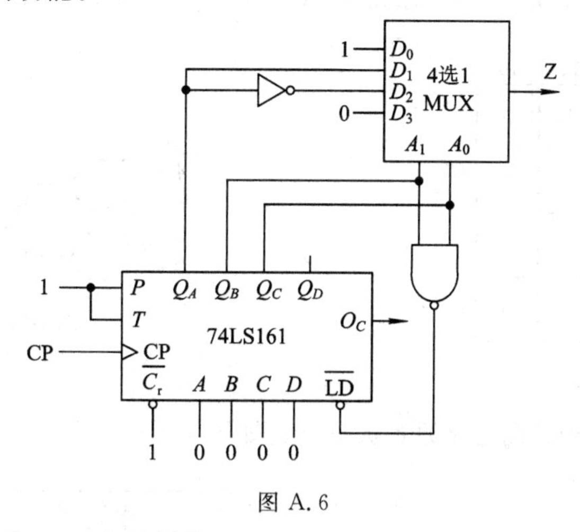

图 A.6

说明：Q_D 为最高位，Q_A 为最低位。

模拟试题(一)解答

一、填空(每小题 2 分，共 20 分)

1. 0100 0010

2. 与、或、非

3. 1+1=(1)

4. $A\overline{B}+\overline{A}B=0$

5. $A+AB=A$

6. $F(A, B, C)=\sum m(1, 3, 6)$

7. 对

8. 高阻/浮空

9. 对

10. 四

二、卡诺图化简(每小题 5 分，共 15 分)

1. 解：卡诺图如图 B.1 所示。求得 $F(A, B, C, D)=BD+A\overline{D}$。电路如图 B.2 所示。

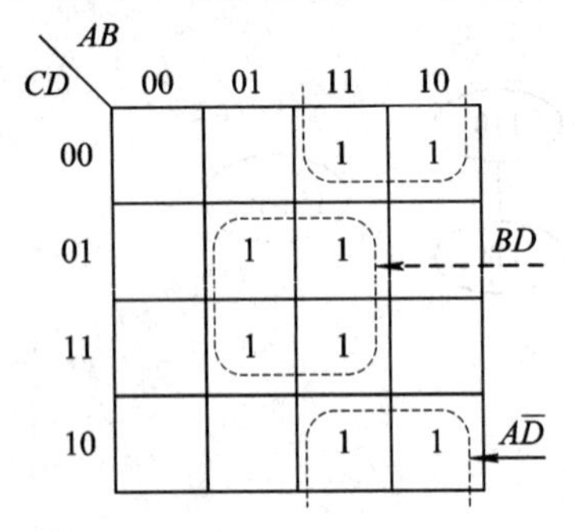

图 B.1

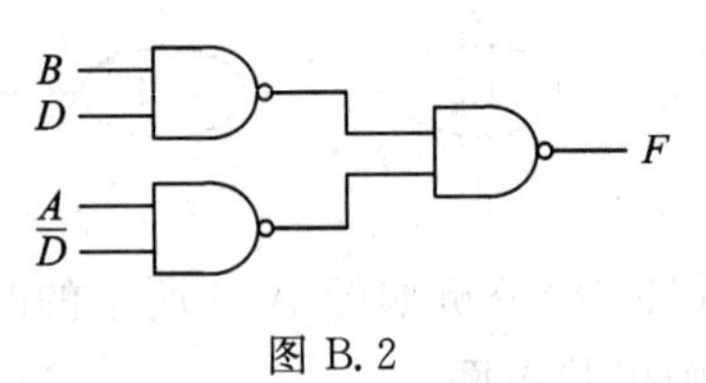

图 B.2

2. 解：卡诺图如图 B.3 所示。求得 $F(A, B, C, D)=\overline{\overline{A}D+\overline{B}\overline{D}}$。电路如图 B.4 所示。

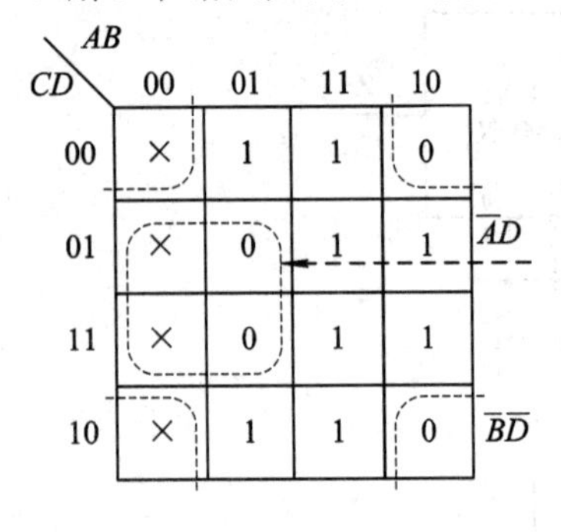

图 B.3

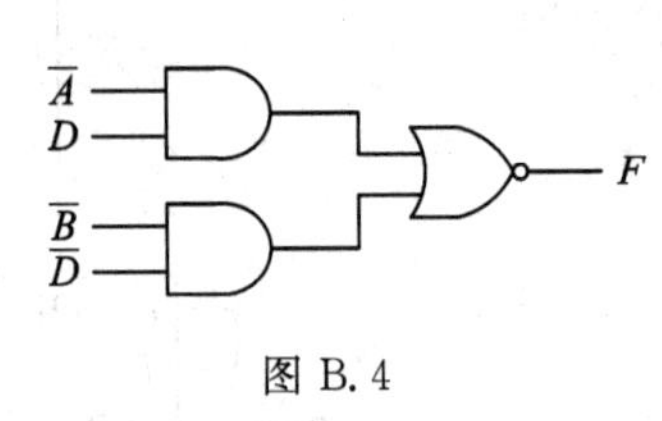

图 B.4

3. 解：11010 序列检测电路原始状态图如图 B.5 所示。

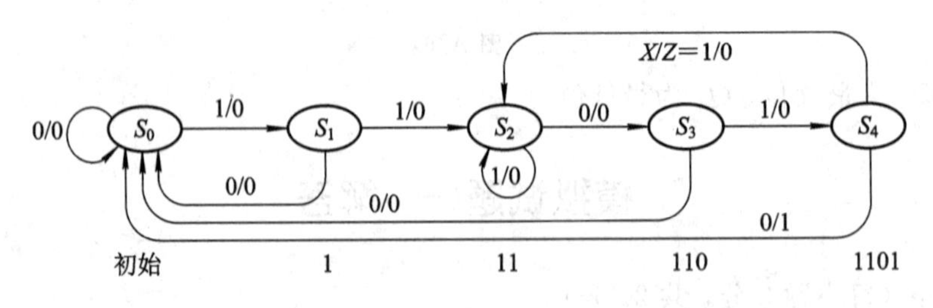

图 B.5

三、组合电路的分析和设计(每小题 10 分，共计 20 分)

1. 解：(1) 函数真值表如表 B.1 所示。

(2) 设计的电路如图 B.6 所示。

表 B.1

A	B	C	F_2	F_1
0	0	0	0	0
0	0	1	0	1
0	1	0	0	1
0	1	1	1	0
1	0	0	0	1
1	0	1	1	0
1	1	0	1	0
1	1	1	1	1

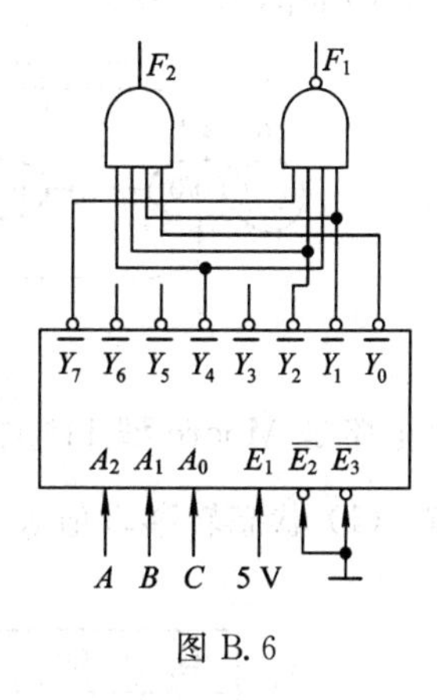

图 B.6

2. 解：阵列图如图 B.7 所示。

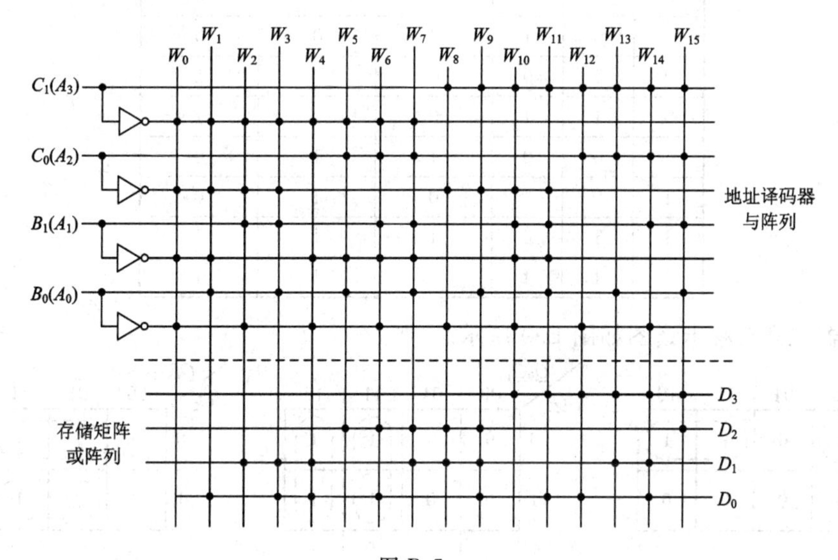

图 B.7

四、解：(1) 状态方程如下：

$$Q_1^{n+1} = X \cdot Q_0 \cdot \bar{Q}_1 + \overline{\bar{X}} \cdot Q_1 = X \cdot \bar{Q}_1 \cdot Q_0 + X \cdot Q_1 = XQ_0 + XQ_1$$

$$Q_0^{n+1} = X \cdot \bar{Q}_1 \cdot \bar{Q}_0 + \overline{\bar{X} + Q_1} \cdot Q_0 = X \cdot \bar{Q}_1 \cdot \bar{Q}_0 + X \cdot \bar{Q}_1 \cdot Q_0 = X\bar{Q}_1$$

(2) 状态表如表 B.2 所示。

表 B.2

Q_1Q_0 \ X	$Q_1^{n+1}Q_0^{n+1}$		Z
	0	1	
00	00	01	0
01	00	11	0
11	00	10	0
10	00	10	1

(3) 状态图如图 B. 8 所示。

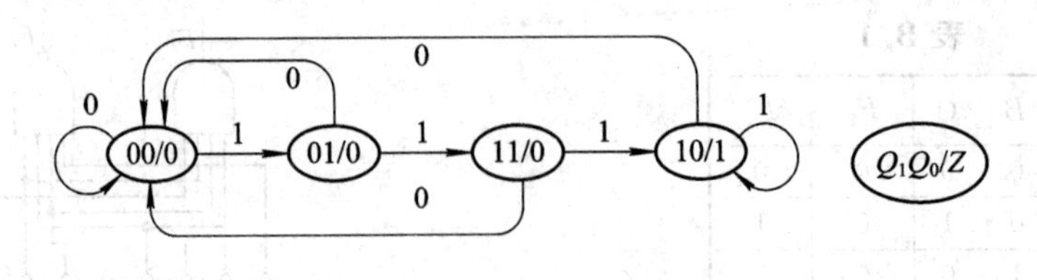

图 B. 8

(4) 该电路是 Moore 型 111 序列检测器(输出晚一拍)。

五、解：(1) 状态转移真值表如表 B. 3 所示。

表 B. 3

Q_0	Q_1	Q_2	Q_0^{n+1}	Q_1^{n+1}	Q_2^{n+1}
0	0	0	1	0	0
0	0	1	0	0	0
0	1	0	0	0	1
0	1	1	0	0	1
1	0	0	1	1	0
1	0	1	0	1	0
1	1	0	1	1	1
1	1	1	0	1	1

触发器状态转移卡诺图如图 B. 9 所示。

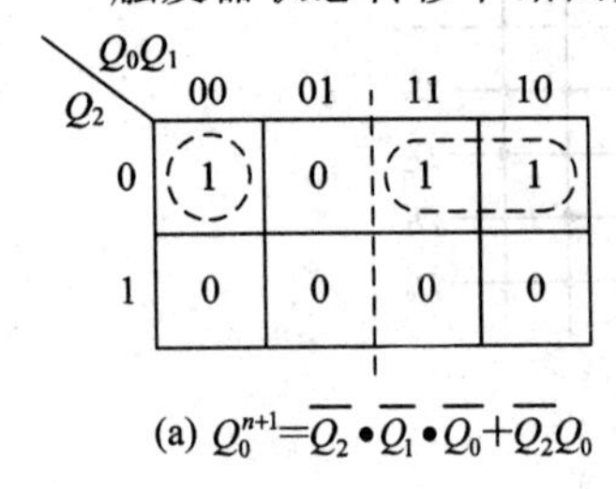

(a) $Q_0^{n+1}=\overline{Q_2}\cdot\overline{Q_1}\cdot\overline{Q_0}+\overline{Q_2}Q_0$

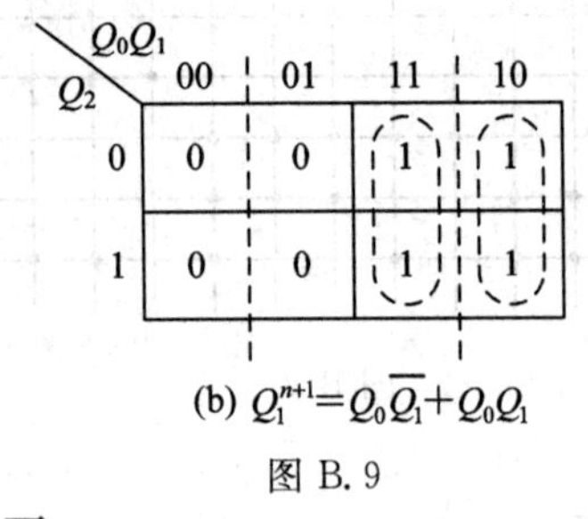

(b) $Q_1^{n+1}=Q_0\overline{Q_1}+Q_0Q_1$

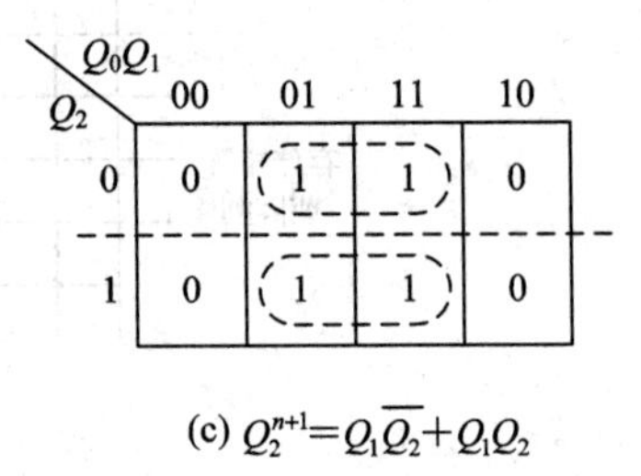

(c) $Q_2^{n+1}=Q_1\overline{Q_2}+Q_1Q_2$

图 B. 9

(2) 触发器的激励函数如下：

$$J_0=\bar{Q}_2\cdot\bar{Q}_1 \qquad K_0=Q_2$$

$$J_1=Q_0 \qquad K_1=\bar{Q}_0$$

$$J_2=Q_1 \qquad K_2=\bar{Q}_1$$

(3) 逻辑电路图如图 B. 10 所示。

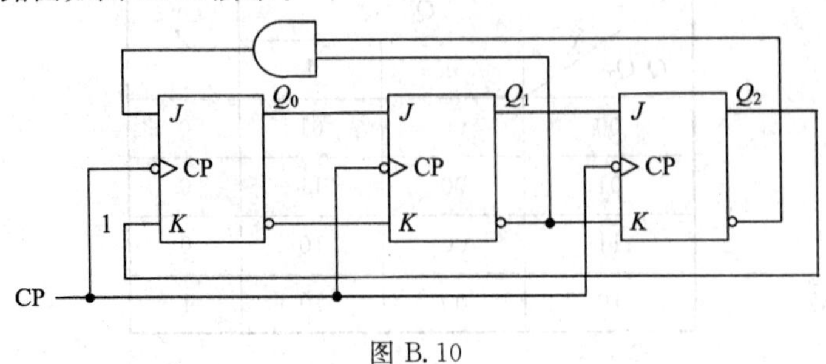

图 B. 10

六、解：(1) 状态图如图 B.11 所示。

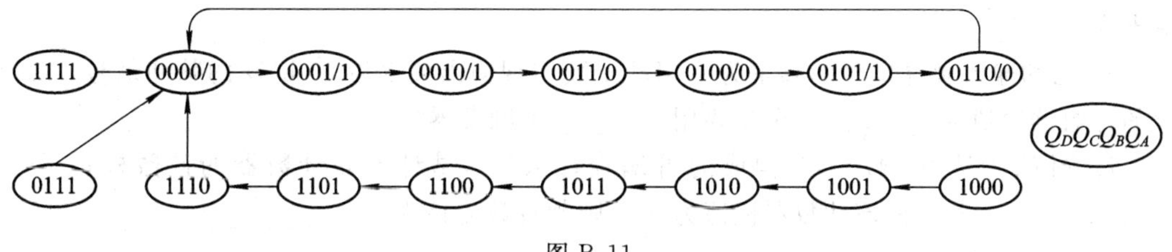

图 B.11

(2) Z 点波形如图 B.12 所示。

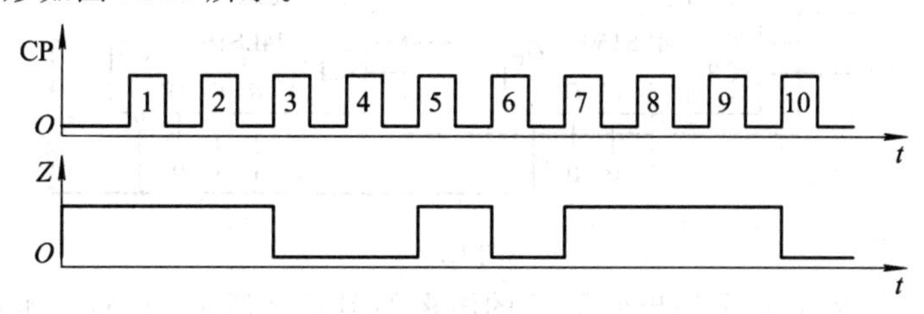

图 B.12

(3) 该电路可产生序列信号 1110010 1110010。

模拟试题(二)

一、填空题（40 分）

1. 完成下列数制转换：

$$(110111.110)_2=(\quad)_{16}=(\quad)_{10}=(\quad)_{8421\ \mathrm{BCD}}$$

2. 写出函数 $F=(A\oplus D)\overline{\overline{B}+C}$的反函数 $\overline{F}$ 和对偶函数 F_d：

$\overline{F}=$________________

$F_d=$________________

3. 已知逻辑函数 $F=(A,B,C,D)=A\overline{B}CD+ABD+A\overline{C}D+\overline{A}B\overline{C}+\overline{A}\overline{B}D$。

其最小项式：

$F=$________________

其最简或与表达式：

$F=$________________

4. 将下面的逻辑函数填入卡诺图(见图 C.1)，并化简为最简与或式。

$$\begin{cases}F=\overline{A}B\overline{C}\overline{D}+\overline{A}C\overline{D}+A\overline{B}\overline{C}\\ \overline{A}\overline{B}\overline{C}+AB\overline{C}D=0\end{cases}$$

$F=$________________

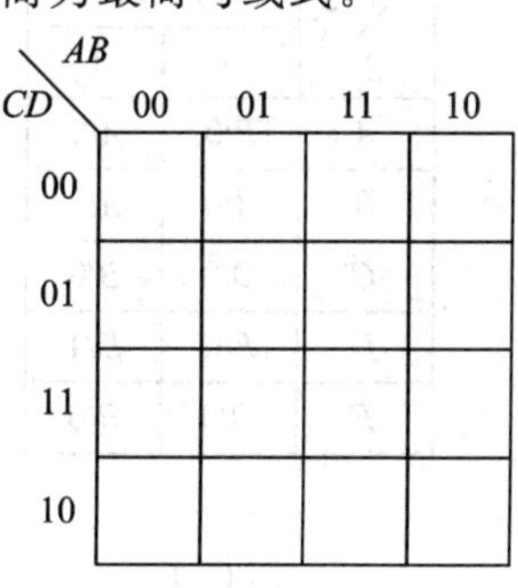

图 C.1

5. 若用二进制译码器的输出对应 48 个灯，则至少需要译码器的输入为________线，输出为________线。

6. 已知输入脉冲信号的频率为 4 MHz，要实现输出频率为 40 kHz 的脉冲信号，则设计的计数器模值为________，至少要用________个触发器。

7. 图 C. 2 是由 74LS160 构成的可编程计数器，试计算该计数器的计数模值 $M=$ ____________；若要使该计数器模值为 60，则预置数应该为____________。

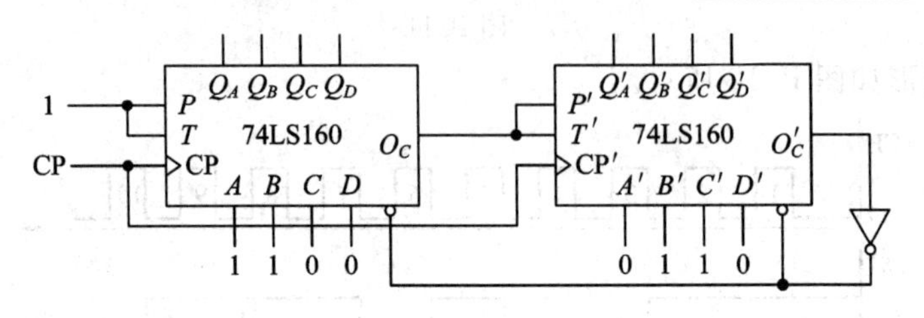

图 C. 2

8. 已知输入变量 A、B 和输出变量 F 的波形如图 C. 3 所示，则输出函数表达式：

$F=$ ________________________

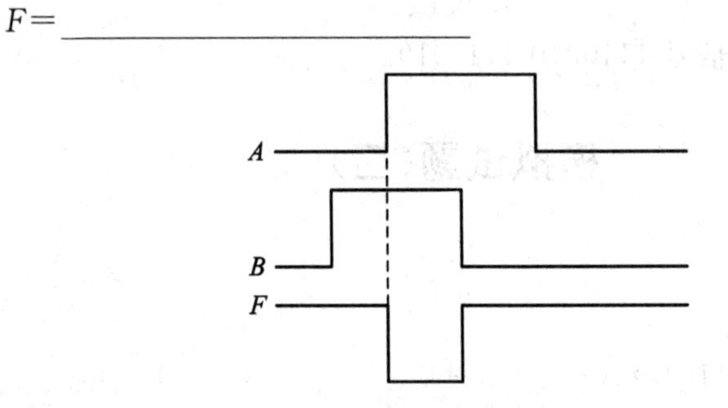

图 C. 3

9. 原始状态转移表如图 C. 4 所示，其中的等价状态对是__________、__________。

10. 写出图 C. 5 所示的输出函数表达式：

$F_1=$ ________________________

$F_2=$ ________________________

S \ X	S^{n+1}/Z 0	1
A	B/0	A/0
B	A/0	A/0
C	D/0	B/0
D	E/0	D/1
E	D/0	B/0

图 C. 4

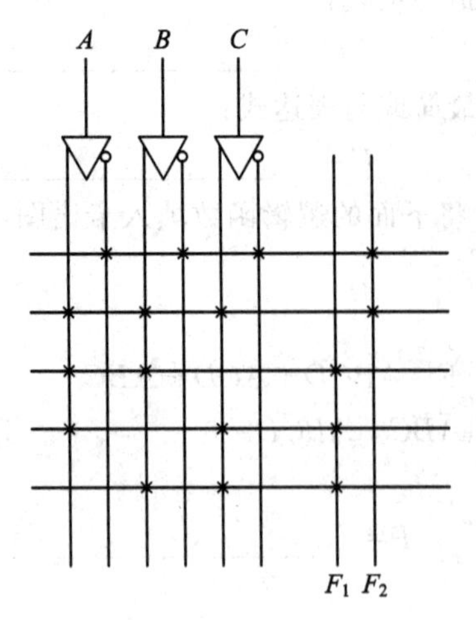

图 C. 5

二、分析题（40分）

1.（10分）电路如图C.6所示（设触发器的起始状态为0）。

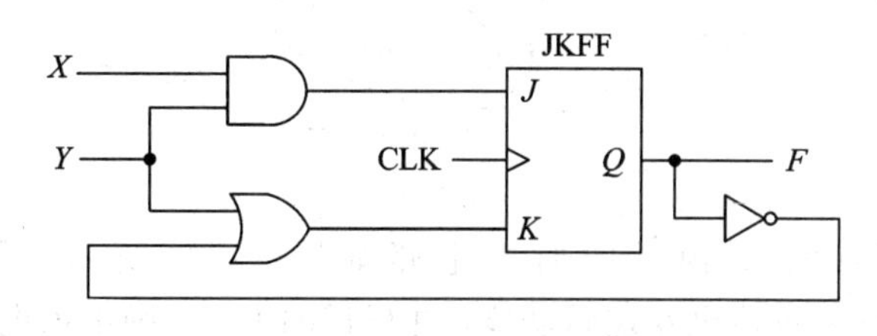

图C.6

(1) 写出该时序电路的激励方程、状态方程和输出方程。

(2) 根据状态方程和输出方程列出该电路的状态转移表和状态图。

(3) 完成图C.7所示的时序波形。

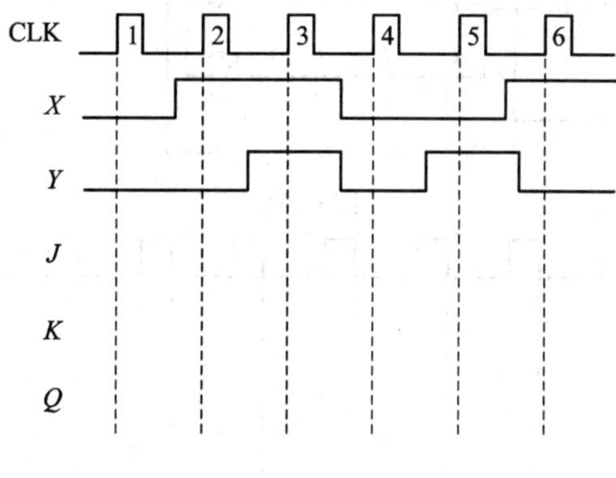

图C.7

2.（10分）由74LS194构成的时序电路如图C.8所示，分析该电路，列出状态迁移表，指出电路的逻辑功能。

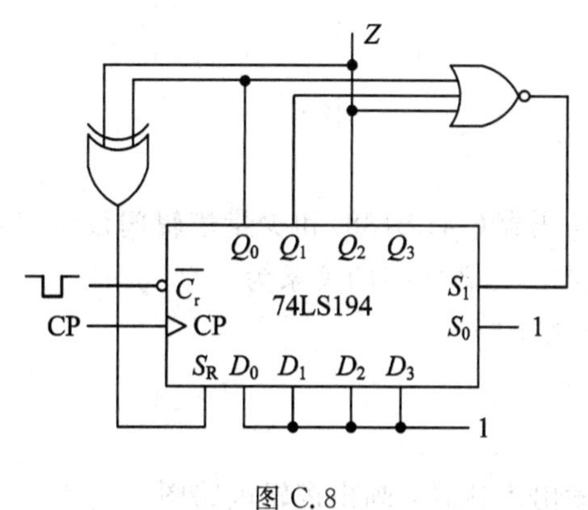

图C.8

3.（10分）已知某序列检测器的状态图如图C.9所示。

(1) 根据该状态图以及给定的X输入序列，列出输出Z的序列：

X： 0 1 1 1 0 1 0 1 0 1 0 1 1 0 1

Z：

(2) 指出该电路的功能。

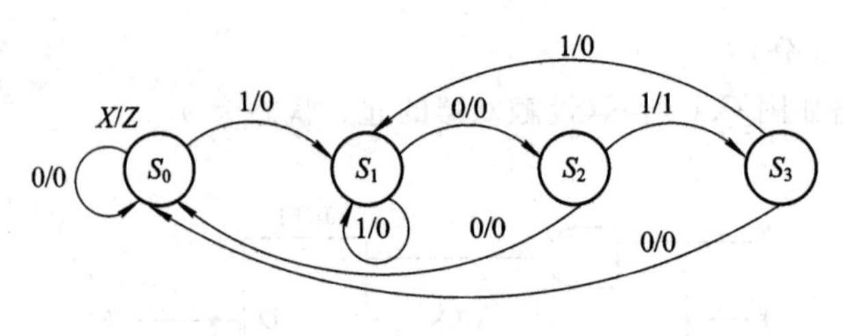

图 C.9

4.（10 分）由 74LS161 构成的时序电路如图 C.10 所示，假设电路初始状态 $Q_DQ_CQ_BQ_A=0000$，试分析该电路逻辑功能，并根据图 C.11 画出该电路的时序波形。

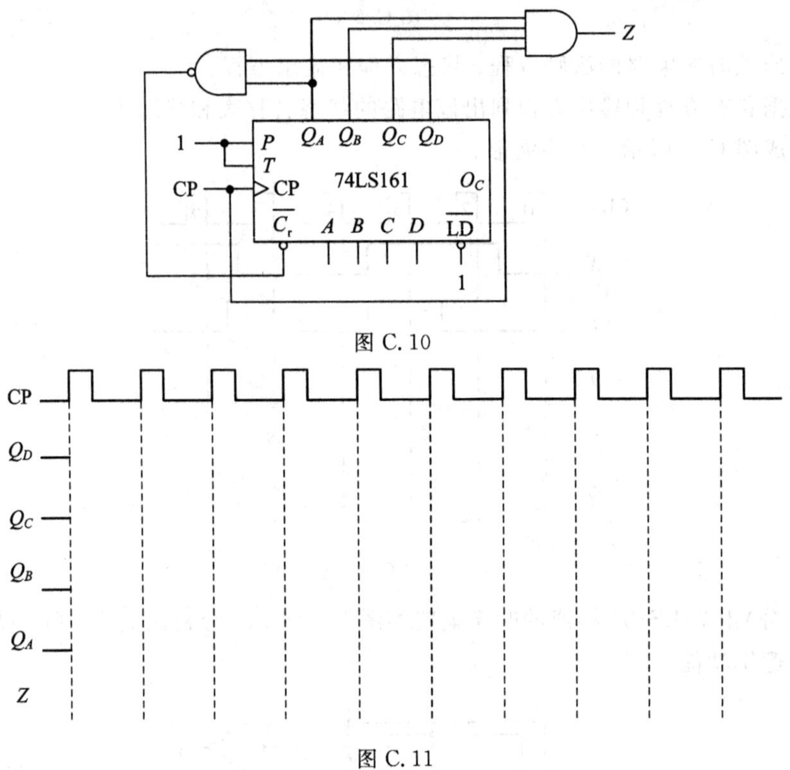

图 C.10

图 C.11

三、设计题（ 20 分）

1.（10 分）试用 3－8 译码器（74LS138）和少量逻辑门设计一组合电路，该电路输入 X 和输出 Y 均为三位二进制数，二者之间的关系为

$2 \leqslant X \leqslant 5$ 时，$Y=X+2$

$X<2$ 时，$Y=1$

$X>5$ 时，$Y=0$

要求：列出真值表，写出输出表达式，画出逻辑电路图。

2.（10 分）给定一片 74LS161、数据选择器、译码器和少量逻辑门，选择适当的器件设计一个可控单序列信号产生电路。当控制信号 $X=0$ 时，输出序列 $Z=11001010$；当 $X=1$ 时，输出序列 $Z=10011011$。

（1）列出控制信号 X、计数器状态与输出 Z 的真值表；

（2）画出逻辑电路图。

模拟试题(二)解答

一、填空题(40 分)

1. $(110111.110)_2=(37.C)_{16}=(55.75)_{10}=(0101\ 0101.0111\ 0101)_{8421\,BCD}$

2. $\overline{F}=(A\odot D)+(\overline{B}+C)$

   $F_d=(A\odot D)+\overline{\overline{B}\cdot C}$

3. 最小项表达式 $F=\sum m(1,3,4,5,9,11,13,15)$

   最简或与表达式 $F=(B+D)(\overline{A}+D)(A+\overline{B}+\overline{C})$

4. 卡诺图如图 D.1 所示。

CD \ AB	00	01	11	10
00	×	1		1
01	×		×	1
11				
10	1	1		

图 D.1

$F=\overline{A}\overline{D}+\overline{B}\overline{C}$

5. 输入为 6 线,输出为 64 线

6. 计数器模值为 100,7 个触发器

7. $M=37$

   $D'C'B'A'DCBA=0100\ 0000$

8. $F=\overline{A}+\overline{B}$

9. $[AB][CE]$

10. $F_1=AB+AC+BC$

    $F_2=ABC+\overline{A}\overline{B}\overline{C}$

二、分析题(40 分)

1. 解:(1) $J=X\cdot Y$,$K=Y+\overline{Q}$,$F=Q$,$Q^{n+1}=XY\overline{Q}+\overline{Y}Q$。

(2) 状态转移表如表 D.1 所示。状态图如图 D.2 所示。

表 D.1

Q \ XY	Q^{n+1} 00	01	11	10	F
0	0	0	1	0	0
1	1	0	0	1	1

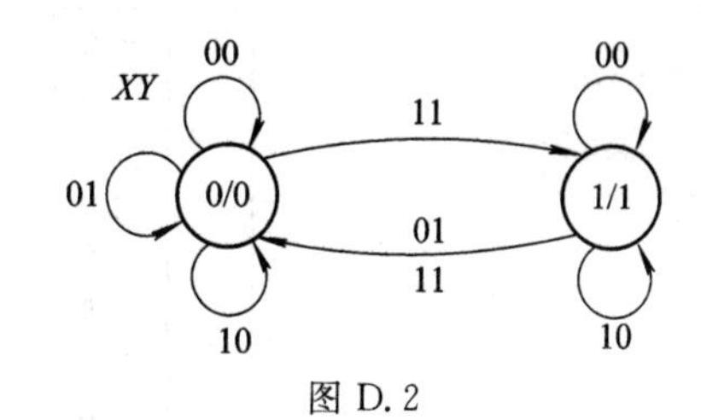

图 D.2

(3) 时序图如图 D.3 所示。

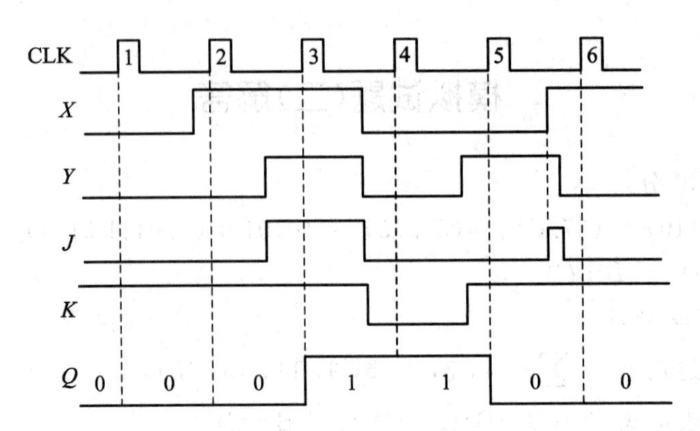

图 D.3

2. 解：$S_R = Q_0 \oplus Q_2$，$S_1 = \overline{Q_0 + Q_1 + Q_2}$，$Z = Q_2$，该电路为序列码发生器，周期性输出1101001序列码。状态迁移表如表D.2所示。

表 D.2

S_R	Q_0	Q_1	Q_2	Q_3	功能
0	0	0	0	0	送数
0	1	1	1	1	右移
→1	0	1	1	1	右移
0	1	0	1	1	右移
0	0	1	0	1	右移
1	0	0	1	0	右移
1	1	0	0	1	右移
1	1	1	0	0	右移
0	1	1	1	0	右移
1	0	1	1	1	右移

3. 解：(1) X：　011101010101101

　　　　　Z：　000001000100001

(2) 该电路为101不可重叠序列码检测器。

4. 解：该电路状态表如表D.3所示，$Q_DQ_CQ_BQ_A$每当计到1001时异步清0，计数范围是0000～1000，所以它是一个模9计数器，且每个周期(计到0111时)有一个脉冲输出，其时序波形如图D.4所示。

表 D.3

	Q_D	Q_C	Q_B	Q_A	$\overline{C}_r$
	→0	0	0	0	1
	0	0	0	1	1
	0	0	1	0	1
	0	0	1	1	1
	0	1	0	0	1
	0	1	0	1	1
	0	1	1	0	1
	0	1	1	1	1
	1	0	0	0	1
过渡态	1	0	0	1	0

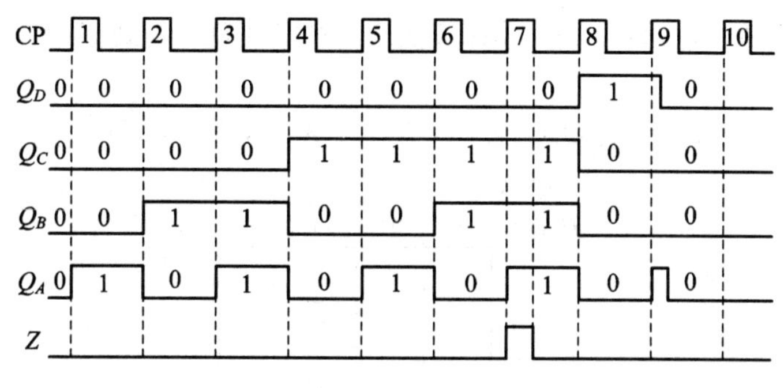

图 D.4

三、设计题(20 分)

1. 解：真值表如表 D.4 所示。

表 D.4

X_2	X_1	X_0	Y_2	Y_1	Y_0
0	0	0	0	0	1
0	0	1	0	0	1
0	1	0	1	0	0
0	1	1	1	0	1
1	0	0	1	1	0
1	0	1	1	1	1
1	1	0	0	0	0
1	1	1	0	0	0

$$Y_2 = \sum m(2, 3, 4, 5)$$
$$Y_1 = \sum m(4, 5)$$
$$Y_0 = \sum m(0, 1, 3, 5)$$

(电路图与图解 4-15 相同)

2. 解：(1) 态序表及输出函数表如表 D.5 所示。

表 D.5

X	Q_C	Q_B	Q_A	Z
0	0	0	0	1
0	0	0	1	1
0	0	1	0	0
0	0	1	1	0
0	1	0	0	1
0	1	0	1	0
0	1	1	0	1
0	1	1	1	0
1	0	0	0	1
1	0	0	1	0
1	0	1	0	0
1	0	1	1	1
1	1	0	0	1
1	1	0	1	0
1	1	1	0	1
1	1	1	1	1

(2) 逻辑电路可用两种方法实现。

方法①：首先用 3-8 译码器实现 Z_1、Z_2，再用门电路或 2 选 1 MUX 实现 Z。设 $X=0$ 时 $Z=Z_1$，$X=1$ 时 $Z=Z_2$，则 $Z=\overline{X}Z_1+XZ_2$。电路图略。

方法②：组合输出电路用 8 选 1 MUX 实现，根据表 D.5 得到 Z 的卡诺图如图 D.5 所示，从而得到：

$$Z=(Q_CQ_BQ_A)_m(1,\ \overline{X},\ 0,\ X,\ 1,\ 0,\ 1,\ X)^{\mathrm{T}}$$

Q_BQ_A \ XQ_C	00	01	11	10
00	1	1	1	1
01	1	0	0	0
11	0	0	1	1
10	0	1	1	0

Z

图 D.5

逻辑电路如图 D.6 所示。

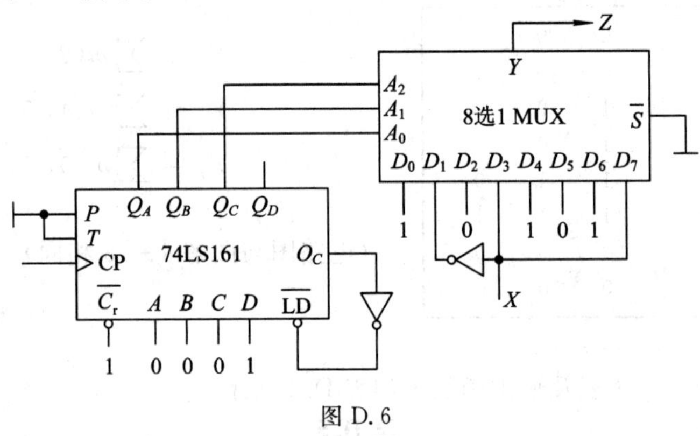

图 D.6